新形态教材
高等职业教育系列教材

有机化学实验

YOUJI HUAXUE SHIYAN

秦永华 严兰兰 主编

·北京·

内容简介

《有机化学实验》按模块化编写，全书共分为六个模块，介绍了有机化学实验基础知识、有机化学实验基本操作、有机化合物的性质、有机化合物的制备、天然有机化合物的分离及设计性实验等内容。在实验项目的选取上，既包含了经典的有机化学实验，也增加了部分与生活联系紧密的综合性实验及设计性实验。在实验的操作模式上，引入了光催化反应、微波辐射反应等新型实验方法。在实验内容的组织上，引入了近年来的研究热点问题，如离子液体催化、废水中染料降解、生物材料循环利用等，以开阔学生化学视野，提高学生的化学综合素养。本实验教材配有部分实验的操作视频，可供学习者在实验操作时参考。

本书可作为高等职业教育本科院校和职业院校相关专业有机化学实验教材，也可供相关人员自学使用。

图书在版编目（CIP）数据

有机化学实验/秦永华，严兰兰主编. —北京：化学工业出版社，2024.2（2025.2重印）
高等职业教育系列教材
ISBN 978-7-122-45101-9

Ⅰ.①有… Ⅱ.①秦…②严… Ⅲ.①有机化学-化学实验-高等职业教育-教材 Ⅳ.①O62-33

中国国家版本馆CIP数据核字（2024）第029576号

责任编辑：陈燕杰　　　　　　　　　文字编辑：杨凤轩　师明远
责任校对：王鹏飞　　　　　　　　　装帧设计：王晓宇

出版发行：化学工业出版社（北京市东城区青年湖南街13号　邮政编码100011）
印　　装：河北鑫兆源印刷有限公司
787mm×1092mm　1/16　印张$12\frac{1}{4}$　字数222千字　2025年2月北京第1版第2次印刷

购书咨询：010-64518888　　　　　　　售后服务：010-64518899
网　　址：http://www.cip.com.cn
凡购买本书，如有缺损质量问题，本社销售中心负责调换。

定　　价：39.00元　　　　　　　　　　　　　　　　版权所有　违者必究

本书编写人员名单

主　　编　秦永华　严兰兰
副 主 编　史海波　赵　海
编　　委

　　　　　　秦永华　浙江药科职业大学

　　　　　　严兰兰　浙江药科职业大学

　　　　　　史海波　宁波职业技术学院

　　　　　　赵　海　中宁化集团宁波诺柏医药有限公司

　　　　　　赵新梅　浙江药科职业大学

　　　　　　张新波　浙江药科职业大学

　　　　　　张　莉　浙江药科职业大学

　　　　　　唐　贝　河南应用技术职业学院

　　　　　　李淑聪　重庆化工职业学院

　　　　　　张明光　江苏医药职业学院

前 言

本书的编写基于高素质技能型人才培养的需要,坚持能力本位和实践导向,旨在提高学习者的创新思维。编者在编写过程中,以党的二十大报告精神为指引,充分听取一线教师的建议和意见,注重教材的职业性、针对性、实践性、创新性及完整性。

本书的主要特点表现为以下四点。

(1)以模块化构建有机化学实验框架,按实验基础知识、实验基本操作、有机化合物性质、有机化合物制备、天然有机化合物分离及设计性实验等对实验内容进行分类。强化对实验基础知识、基本操作技能的掌握,通过性质、制备与分离实验加深对化合物物理与化学性质应用的理解。注重通过设计性实验,对学生实验迁移能力、创新能力的训练,同时培育学生严谨细致的科学态度、涵养优良学风,激发学生的创新活力。

(2)依据职业本科教学特征,结合专业技能特点,与药学、中药、食品、材料、化工、生物、化妆品、环境、能源等各行业的需求相衔接,选取并编写实验内容,在部分实验中提供数字化资源、知识链接等,并适当引入新型实验方法,激发读者学习兴趣,拓宽研究视野。

(3)每项任务后均列有相关现象及实验数据记录表格,便于读者记录实验数据,加强读者数据处理能力。

(4)树立"绿水青山就是金山银山"的理念,着眼于低碳、减污及环境保护,在实验设计中替换了一些高污染的化学试剂,使用了一些更为低碳的实验手段。

参与本书编写的有浙江药科职业大学的秦永华、严兰兰、张新波、赵新梅、张莉,宁波职业技术学院的史海波,中宁化集团宁波诺柏医药有限公司的赵海,重庆化工职业学院的李淑聪,河南应用技术职业学院的唐贝,江苏医药职业学院的张明光等。本书在编写过程中得到了浙江药科职业大学的大力支持,在此表示衷心的感谢。同时,教材在编写过程中参考了部分文献资料,在此对原文献资料的编著者表示感谢。本书中的数字资源由张斌、李黎枝叶、钟慧云、周丹璐、曾保富等制作并提供,在此一并表示感谢。

由于编者水平有限,书中难免出现疏漏或不足之处,恳请使用本书的师生及同行专家批评指正。

编　者

目 录

模块一
有机化学实验基础知识　　　　　　　　　　　001

项目一　实验室规则和安全知识　001
一、有机化学实验室规则　001
二、有机化学实验室安全知识　002

项目二　有机化学实验常用
　　　　仪器及装置　003
一、有机化学实验常用仪器　003
二、有机化学实验常用装置　006

项目三　常用化学试剂简介　011
一、化学试剂等级　011

二、试剂取用注意事项　012

项目四　实验的预习、记录和
　　　　实验报告　012
一、实验预习　012
二、实验记录　013
三、实验报告　013

项目五　常用化学工具　016
一、化学数据库　016
二、化学结构软件　017

模块二
有机化学实验基本操作　　　　　　　　　　　019

任务1　熔点的测定　019
任务2　蒸馏及沸点测定　023
任务3　分馏　027
任务4　减压蒸馏　031
任务5　水蒸气蒸馏　037
任务6　洗涤与萃取　041

任务7　重结晶　047
任务8　薄层色谱　050
任务9　折射率的测定　056
任务10　旋光度的测定　061
任务11　红外光谱　066

模块三
有机化合物性质实验　　　　　　　　　　　　　　　071

- 任务 12　烃的性质　　　　　　071
- 任务 13　卤代烃的性质　　　　074
- 任务 14　醇、酚、醚的性质　　078
- 任务 15　醛、酮的性质　　　　083
- 任务 16　羧酸的性质　　　　　087
- 任务 17　取代羧酸及羧酸衍生物的性质　　089
- 任务 18　胺的性质　　　　　　093
- 任务 19　糖类的性质　　　　　098
- 任务 20　氨基酸、蛋白质的性质　　　　　　102

模块四
有机化合物制备实验　　　　　　　　　　　　　　　105

- 任务 21　环己烯的制备　　　　　105
- 任务 22　1-溴丁烷的制备　　　　108
- 任务 23　2-甲基己-2-醇的制备　111
- 任务 24　乙醚的制备　　　　　　115
- 任务 25　苯乙醚的制备　　　　　119
- 任务 26　环己酮的制备　　　　　122
- 任务 27　肉桂酸的制备　　　　　125
- 任务 28　己二酸的制备　　　　　128
- 任务 29　乙酰水杨酸的制备　　　131
- 任务 30　乙酸乙酯的制备　　　　134
- 任务 31　乙酰苯胺的制备　　　　138
- 任务 32　对氨基苯甲酸乙酯的制备　140
- 任务 33　乙酸丁酯的制备　　　　143
- 任务 34　甲基橙的制备　　　　　147
- 任务 35　呋喃甲酸与呋喃甲醇的制备　150
- 任务 36　苯妥英钠的制备　　　　154

模块五
天然有机化合物分离实验　　158

- 任务 37　槐米中芦丁的分离　　158
- 任务 38　茶叶中咖啡因的提取　　161
- 任务 39　牛乳中酪蛋白及乳糖的提取　　165
- 任务 40　橙皮中柠檬烯的提取　　169
- 任务 41　玫瑰中精油的提取　　172

模块六
设计性实验　　175

- 任务 42　离子液体的合成及应用　　175
- 任务 43　高分子化合物的溶胀　　176
- 任务 44　废水中染料的光催化降解　　177
- 任务 45　乳酸钙的制备　　178

附录　　181

- 附录 1　常见元素的符号及原子量　　181
- 附录 2　常用干燥剂种类　　182
- 附录 3　实验中常用洗涤剂的配制及使用　　182
- 附录 4　二元恒沸混合物　　183
- 附录 5　三元恒沸混合物　　183
- 附录 6　常用试剂的配制　　184
- 附录 7　常用溶剂的熔沸点　　185
- 附录 8　常见物质的折射率、相对密度及溶解度　　186
- 附录 9　不同温度下蒸馏水的折射率　　187

参考文献　　188

数字资源

数字资源 1-1　常见实验装置搭置视频
数字资源 2-1　熔点的测定视频
数字资源 2-2　蒸馏及沸点测定视频
数字资源 2-3　分馏视频
数字资源 2-4　洗涤与萃取：洗涤分液操作视频
数字资源 2-5　重结晶视频
数字资源 4-1　肉桂酸的制备：肉桂酸抽滤操作视频
数字资源 4-2　乙酰水杨酸的制备：冷却结晶视频
数字资源 4-3　乙酰水杨酸的制备视频
数字资源 4-4　乙酰苯胺的制备视频
数字资源 4-5　苯妥英钠的制备：二苯基乙二酮重结晶视频

微信扫码
立即获取

模块一
有机化学实验基础知识

项目一 实验室规则和安全知识

一、有机化学实验室规则

基于实验安全操作的考虑，为了培养良好的实验操作规范、实验习惯，进入有机化学实验室之前，务必认真阅读实验室规则，了解进入实验室后需注意的相关事项及规定，认真阅读相关实验内容及注意事项，做好实验的预习准备工作。

① 进入实验室前穿戴好实验用工作服，禁止穿拖鞋、背心、短裤、短裙等进入实验室，长发的学生须将长发扎起来。

② 进入实验室后，熟悉实验室内的布局，了解室内水、电、设备的开关位置及急救药箱与消防设施的位置。遵守实验室纪律及安全守则，保持安静并服从实验老师教学安排，认真听讲。

③ 操作前熟悉所用的试剂种类及用量、仪器、设备等，清点数量，检查是否符合实验需求。

④ 实验过程中应按要求规范操作，认真观察实验现象并及时做好记录，无特殊情况，应严格按操作步骤及所用试剂的规格与用量进行实验，若有调整，须经实验老师确认并同意方可施行。实验过程中如有异常，应及时报告老师。

⑤ 实验过程中不得擅自离开实验室，不得在实验室内饮食、抽烟等，不得使用手机进行娱乐等活动，使用易燃、易爆、有毒、有腐蚀性或易挥发试剂时，应按规范取

用，注意实验安全。

⑥ 实验过程中保持实验台面及地面的整洁，使用完或还未使用的试剂、仪器请放置在试剂架或实验框内。固体废弃物请置于垃圾桶内，不得将其扔进水槽，以免堵塞下水口；一般废液应倒入废液桶中，不得倒入水槽，以免造成下水管道的损坏；实验产品按要求放置于规定容器内。

⑦ 实验完成后，将公用实验仪器、试剂清洁、整理后放回原处，损坏仪器设备需及时做好登记，桌面整理干净，将实验产物及实验数据交于实验老师签字确认，值日生做好值日相关工作。

二、有机化学实验室安全知识

有机化学实验室中使用的大多为易燃、易爆、有毒且具有腐蚀性的试剂，实验过程中有发生着火、爆炸、中毒等风险；实验过程中使用的大多为玻璃仪器及部分电气设备，有割伤、触电等安全风险，故实验操作人员应牢固树立安全第一的思想，重视实验安全知识及防护常识。

（一）有毒试剂

使用有毒试剂如氰化物、汞盐等时，应按程序领取，使用过程中注意勿使其接触皮肤，不得入口，实验结束后应洗手。若使用的试剂为易挥发物质时，应戴好防毒面具、护目镜等，操作在通风设备中进行，对反应中生成的有毒气体，如二氧化氮等，应安装尾气吸收装置。有毒试剂使用完毕后应放回危险品储存柜或回收至指定容器后统一处理。

（二）实验室防火

处理或操作易燃、易挥发有机液体如苯、丙酮、乙醚等时，应远离明火，低沸点的有机液体通常可使用水浴进行加热。实验室电器着火时，应首先关闭电源，然后使用不导电的二氧化碳灭火器灭火，不可使用泡沫灭火器灭火，以防触电；少量试剂着火时，可使用湿布或石棉布覆盖进行灭火；大量试剂着火时，应根据着火试剂的特性使用相应的灭火剂进行灭火；衣物着火时，轻者可迅速脱去着火衣服，用水灭火，重者可就地滚动，可使用防火毯等包裹以隔绝空气进行灭火，伤者应及时送医。

（三）防爆

常压下进行蒸馏、分馏或加热反应时，应确保反应体系的压力与外压平衡，以防形成密闭体系发生危险。无论是常压或减压蒸馏，都不得蒸干液体，需防止烧瓶干烧过热发生破裂。易燃或易爆试剂的残渣如钠、白磷等应置于指定容器内，不得倒入废液桶中。

（四）其他个人防护

① 实验过程中，应佩戴护目镜，以防玻璃碎片或液体飞溅进入眼睛。试剂溅入眼睛，应立即用水清洗；若为酸，应以1%的小苏打溶液清洗，然后水洗；若为碱，应以1%硼酸溶液清洗，然后水洗，处理完毕后立即就医。

② 实验中被酸、碱或溴等试剂灼伤时，应立即以大量水清洗。对于酸灼伤，应再以3%～5%小苏打溶液清洗后水洗；对于碱灼伤，应再以1%～2%乙酸溶液清洗后水洗；若灼伤严重时，需经消毒后涂抹烫伤膏，必要时就医；若为溴灼伤，应再以酒精擦至无液溴存在为止后涂抹烫伤膏或甘油，严重时处理同酸、碱灼伤。

③ 实验中遇到割裂伤时，首先应取出伤口处的玻璃或其他固体，用双氧水洗净伤口后，涂上碘伏，有出血的，可贴上创可贴；大伤口应做好止血处理，在近心端用纱布扎紧，以防大量出血，并及时送医处理。

（五）实验室急救物品

实验室应配备急救箱，其中应包含如下物品：① 纱布、捆扎带、药棉、创可贴、剪刀、镊子等；② 烫伤膏、凡士林等；③ 双氧水、酒精、甘油、乙酸溶液（2%）、硼酸溶液（1%）、小苏打溶液（1%）、碘伏等。

项目二　有机化学实验常用仪器及装置

一、有机化学实验常用仪器

有机化学实验常用仪器大多由软质或硬质玻璃制作，根据其用途，可将其分为容器类、量器类及合成类等类型；玻璃仪器通常有普通接口和标准磨口两种规格。普通接口的仪器有烧杯、布氏漏斗、抽滤瓶、三角漏斗等，标准磨口仪器可根据磨口最大端的直径分为10、14、19、24、29、34等型号，如标注19的代表磨口的直径为19mm；有时磨口仪器也可用两个数字进行标注，如14/30表示磨口的直径为14mm，磨口的高度为30mm。相同编号的子口与母口可进行连接，不同编号的子口与母口需通过接口转换头进行连接。实验中常用的玻璃仪器与设备如图1-1所示。

模块一　有机化学实验基础知识　005

图1-1　常见玻璃仪器及实验设备

二、有机化学实验常用装置

(一)干燥装置

干燥通常用于除去混杂在固、液或气体产品中的少量水分或溶剂。有机化合物的干燥可分为物理干燥及化学干燥两种。实验室中常用的物理干燥装置有恒温鼓风干燥箱、冷冻干燥箱、红外干燥箱等。化学干燥则通常是向液体产品中加入干燥剂,使之与水结合生成水合物或与水发生化学反应从而实现干燥的目的。

1.物理干燥

(1)恒温鼓风干燥箱

恒温鼓风干燥箱(也称烘箱)是实验室中常用的烘干设备,其使用温度一般在 50~250℃,主要用于烘干玻璃仪器或干燥无腐蚀性、无挥发性、加热不易分解的固体试剂。在烘干玻璃仪器时,应尽量倒尽容器中的溶剂,皿口朝上按从上层至下层依次置于烘箱内,具有活塞或具塞的玻璃仪器,如恒压滴液漏斗、分液漏斗等,须拔去塞子后才可放入,通常选择的干燥温度为100~120℃,可通过打开鼓风开关加快干燥速度。

(2)冷冻干燥箱

冷冻干燥是将含水物质先冻结成固态,再使其中水分升华成气体以除去水分,从而实现物质干燥的方法。冷冻干燥箱由真空系统、制冷系统、电控系统等构成。冷冻干燥主要用于药品、生物制品、化工及食品工业领域,特别是针对热敏性的物质如抗生素、疫苗等非常适用。

(3)红外干燥箱

红外干燥箱以红外辐射为热源,主要用于干燥研磨物料、特殊药物、粉末及颗粒等,其整体结构由干燥箱体与红外灯泡构成,采用红外灯泡产生光热,灯泡高度上下可调节。使用时,将需干燥样品放入箱体内,调节箱顶螺帽,将红外灯泡调至所需高度,关闭箱门,插入电源后打开干燥箱电源开关即可。

2.化学干燥

(1)干燥剂选择

干燥剂的选择应遵循以下基本原则:选择的干燥剂不能与待干燥组分发生化学反应或对其反应起催化作用;干燥剂应不溶于待干燥组分之中,且对待干燥组分的吸附力小;干燥剂应尽可能价格适中、易得。

除以上原则外，在选择通过与水生成水合物的干燥剂时，通常还需考虑干燥剂的吸水容量与干燥效能。吸水容量为单位质量干燥剂可吸收的水量值，如无水硫酸钠，可吸水生成$Na_2SO_4·10H_2O$，1g无水硫酸钠可吸收约1.27g水，其吸水容量为1.27；无水氯化钙，可吸水生成$CaCl_2·6H_2O$，1g无水氯化钙可吸收约0.97g水，其吸水容量为0.97。干燥效能指的是达到平衡时待干燥液体被干燥的程度。如$Na_2SO_4·10H_2O$在25℃下的蒸气压为255.98Pa，比$CaCl_2·6H_2O$在该温度下的蒸气压39.99Pa要大，故无水氯化钙虽然吸水容量小于无水硫酸钠，但干燥效能比其强。在进行干燥操作时，应根据具体的工作要求选择合适的干燥剂。

干燥剂形成水合物需一定的时间，通常干燥剂加入后须放置一段时间才可达到脱水效果。干燥剂的水合物由于加热后会脱水，故在蒸馏前须将其过滤除去。

（2）干燥剂用量

干燥剂的用量通常由待干燥物中含有水的量来决定。一般干燥剂的参考用量为每10mL待干燥物中加入0.5～1g干燥剂。加入干燥剂后应振摇，提高干燥效率，若干燥剂附着在容器内壁或互相黏结时，说明干燥剂用量不足，应更换干燥容器，酌情补加适量干燥剂。

（3）干燥剂种类

根据干燥剂的酸碱性，可将干燥剂分为酸性干燥剂、中性干燥剂及碱性干燥剂三类。

常用的酸性干燥剂有浓硫酸、五氧化二磷等，浓硫酸的脱水能力强，常用于干燥脂肪烃及卤代烷烃等；五氧化二磷吸水能力强，主要用于除去醚、烃、卤代烃等中的微量水分。

常用的中性干燥剂有无水氯化钙、硫酸镁等。氯化钙吸水后生成水合物，干燥效能中等，平衡时间长，水合物在30℃以上失水，通常用于干燥烃、卤代烃等有机物，由于氯化钙可与醇、酚、胺等形成配合物，故不适用于干燥该类化合物。无水硫酸镁与大多数有机物不起反应，48℃以下与水结合可生成水合物，效能中等，适用于各类化合物的干燥，应用范围广泛。

常用的碱性干燥剂有碳酸钾、氢氧化钠等。碳酸钾的吸水作用强，但干燥效能差，一般用于水溶性酮或醇的初步干燥，有时也可替代氢氧化钠用于胺类化合物的干燥，不适用于酸性化合物的干燥；氢氧化钠吸水能力强，只适用于干燥碱性有机物如胺等，因其碱性强，对某些有机物的反应可起到催化作用，使其应用范围受限。

各类干燥剂有其相应的使用范围，详见附录2。

(二)冷却装置

实验室中常用的冷却装置或方式有冰箱、冰盐浴等。冰箱常用于储存对热敏感性试剂,或用于制取少量冰块。存放易燃、易爆类物质时,须使用防爆冰箱。

实验中若需将体系保持在0℃以下,通常可用碎冰或水与无机盐的混合物作冷却剂。制备冰(水)盐浴时,常可将盐研细,再与碎冰(水)以一定比例混合均匀。以100g碎冰中加入盐的质量份数为例,加入25份氯化铵时,可冷却至−15℃;加入50份硝酸钠时,可冷却至−18℃;加入143份六水合氯化钙时,可将体系冷却至−55℃。实验室中最常用的冰盐体系为碎冰-食盐体系,可提供−18～−5℃的低温范围。需要更低的温度时,也可使用干冰与乙醇、丙酮等的混合物。常用冰(水)盐冷却剂的混合比例如表1-1所示。

表1-1 常用冰(水)盐冷却剂

盐	每100g冰(水)盐的用量/g	冷却温度/℃
NH_4Cl	25(30)	−15(−5)
KCl	30(30)	−11(−0.6)
$NaNO_3$	50(75)	−18(−5.3)
NH_4NO_3	45(60)	−16.7(−13.6)
$CaCl_2 \cdot 6H_2O$	143(100)	−55(−29)

(三)加热装置

1.电炉及电热套

电炉及电热套是实验室中最常用的加热设备。电炉通常不用于直接加热玻璃仪器,因为温度的剧烈变化及受热不均易使玻璃仪器损坏,在使用时,一般在电炉上垫上石棉网,或使用水浴、油浴、沙浴等间接加热方式加热玻璃仪器。电热套具有一个以保温材料包裹的碗状内套,通常带有控温测温装置,用于加热圆底烧瓶,电热套的容积一般在50～3000mL,恒温的范围通常不超过200℃,具有温度可调控、无明火、加热均匀等优点,使用时应注意勿将固体试剂及液体溶剂撒入内套中。

2.恒温水浴锅

恒温水浴锅为内外双层箱式结构,内外层间填充绝热材料。上层有数量不等的带套盖的孔洞,用于放置加热用的玻璃仪器,箱底密封管内部安装有电炉丝。外箱则分布有指示灯、自控开关等电控系统,侧面有放水阀与水位管。恒温水浴锅可用于水浴恒温,使用方便,通常可作为易燃、低沸点液体的蒸馏、回流等的热源。恒温水浴锅使用完毕后应将温控旋钮旋至最小后再关闭电源,长时间不用时,应将水箱中的水放尽并擦干。

3.磁力加热搅拌器

磁力加热搅拌器具有加热及磁力搅拌的功能,在盛有液体的容器中放入磁子,接通电源后可在搅拌器底座产生磁场,带动磁子作循环圆周运动,实现搅拌液体的效果,同时,加热系统通过集热板产生热辐射,并将其传递至反应器内反应液中以便进行化学反应。磁力加热搅拌器电控系统可根据反应具体要求设置反应时间、温度、转速等参数,优化反应控制过程。

(四)安全装置

1.灭火器

实验室中常用的灭火器有二氧化碳灭火器、泡沫灭火器及干粉灭火器等。二氧化碳灭火器桶体内装有液态二氧化碳,喷出时可隔绝氧气,使火焰熄灭,该灭火器的优点为灭火无痕,具有一定的电绝缘性,通常可适用于电压为600V以下电器设备的火灾及一般可燃性液体的初期火灾,但不得用于扑救锂、钠、钾、镁等活泼金属及其氢化物的火灾;泡沫灭火器中的泡沫是由小苏打溶液、硫酸铝溶液及泡沫稳定剂相互作用形成的,使用时可在燃烧表层形成泡沫覆盖层,使燃烧物与空气隔离,达到灭火的目的,通常可用于扑救非水溶性的油类液体及木材、纤维、橡胶等引发的火灾,不可用于水溶性可燃液体火灾的扑救,如醇、醚、醛、酮、酸等,也不得用于电器或遇水可燃烧、爆炸的物质引发的火灾;干粉灭火器是由灭火基料(如小苏打、碳酸铵等)与适量润滑剂(如云母粉、滑石粉等)以及少量防潮剂(如硅胶等)混合研磨而成的粉末制成的一种灭火器,通常以二氧化碳作为喷射动力,干粉灭火器喷出的细粉覆盖在燃烧物上形成隔离层,同时析出不可燃气体,使火焰熄灭,可用于扑灭油类、可燃性液体(气体)及电器设备等的初起火灾。

2.洗眼器

实验中遇到化学试剂溅入眼睛时,应立即用大量水冲洗。常见的洗眼器通常有桌上型紧急洗眼器与复合式洗眼器两种,如图1-2所示。桌上型紧急洗眼器通常安装于水

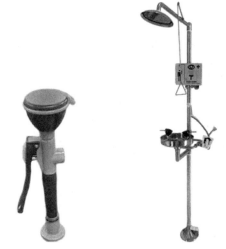

(a)桌上型紧急洗眼器　　(b)复合式洗眼器

图1-2　洗眼器

槽边缘的台面上，上端有一带盖喷头，下端连有软管。使用时将洗眼器从台面抽出，用手按压把手，水即可从喷头喷出。复合式洗眼器通常安装在地面上，具有喷淋系统与洗眼系统。当化学试剂溅落在实验服或身体上时，可使用喷淋系统进行冲洗；当化学试剂溅入眼内或溅在面部时，可使用洗眼系统进行冲洗，洗眼系统的洗眼盘上有两个固定喷头，打开时，水幕高度为2cm左右，使用时以45°向前弯腰，使眼睛等部位恰好接触水幕，并覆盖待洗部位。

（五）抽排装置

实验室中常用的抽排装置有通风橱、抽气罩、排气扇等，如图1-3所示。

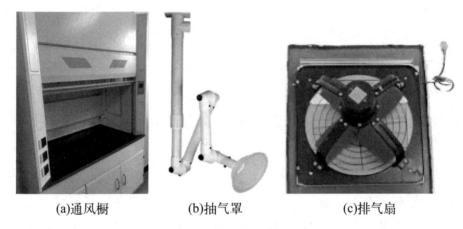

(a)通风橱　　　(b)抽气罩　　　(c)排气扇

图1-3　实验室常用抽排装置

1.通风橱

通风橱，又称为通风柜，可抽排有害蒸汽、气体、烟雾等，其材质通常为全钢、塑钢、PVC等。通风橱正面大多为可上下移动的玻璃门，门后为实验台面，布局有水管、电源等实验相关连接装置，顶部有带保护罩的照明灯。橱内空气由橱顶抽排通道抽出经管道引至别处。使用时，实验人员应坐或站立在橱前，将玻璃门尽可能放低，手经由门下间隙伸入橱内实验台面进行实验。

2.抽气罩

抽气罩主要用来快速抽排实验过程中产生的气、雾、烟尘等有害物质，其伸缩管道大多采用高密度聚丙烯材质，以固定架为中心，配备360°旋转装置，易拆卸、组装及清洗。常用的抽气罩有悬挂式与移动式等类型，悬挂式通常外接管道，而移动式不需外接管道，移动灵活多变。

3.排气扇

排气扇，又称为负压风机、通风扇等，是通过电机带动风叶旋转驱动气流，形成室内外空气相互交换的一种空气调节设备，其换气原理为：在向外排气的过程中于室内产生负压，由于压差补偿，室外气流进入室内，从而实现通风与气流交换。按照换气方式，常用的排气扇有吸入式、排出式及并用式等。

（六）其他实验装置

实验中还经常用到抽滤、回流、蒸馏、分馏等装置，其他基本操作的装置如图1-4所示。

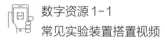

数字资源1-1
常见实验装置搭置视频

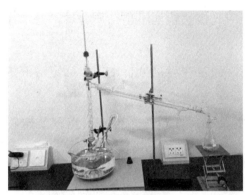

(a)分馏装置

(b)滴液分馏制备装置

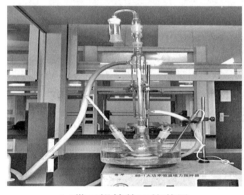

(c)带干燥管的回流装置

(d)带气体回收的回流装置

图1-4 实验室常用实验装置图

项目三　常用化学试剂简介

一、化学试剂等级

常用化学试剂，按其纯度或杂质含量的高低，可将其分为优级纯、分析纯、化学纯及实验试剂四类。

优级纯试剂（guarantee reagent，G.R.），杂质含量极少，主要适用于精度要求较高的分析实验；分析纯试剂（analytical reagent，A.R.），杂质含量很少，纯度仅次于优级纯试剂，适用于一般的科学研究实验及要求较高的定性、定量分析检测；化学纯试剂（chemical pure reagent，C.P.），杂质含量少，纯度次于分析纯试剂，通常可用于要求较高的化学实验及要求不高的分析测试；实验试剂（laboratory reagent，L.R.），杂质含量较多，纯度低于化学纯试剂，可用于要求不高的一般性化学实验研究。

除以上四种等级的化学试剂外，还有一些特殊规格的化学试剂类型，如：

光谱纯试剂（S.P.），杂质含量极少，使用光谱法检测不出杂质含量，通常作为光谱分析中的标准试剂使用。

基准试剂纯度与优级纯试剂相当或更高，通常在容量分析中用作标定溶液浓度的基准物，也可用于直接配制标准溶液。

色谱纯试剂通常是用于色谱分析的标准试剂，在色谱条件下只出现特定物质的峰，不出现杂质峰。

生化试剂通常是用于生命科学研究的生物材料或化学试剂，简写为 B.R.。

二、试剂取用注意事项

① 禁止用手直接与化学试剂接触。
② 打开试剂瓶塞时，应将瓶塞仰置于桌面，防止沾污，使用完毕后应立刻盖好瓶塞。
③ 称取固体试剂时，应使用洁净干燥的药匙，将试剂放在称量纸或表面皿上称量，如试剂易潮解或有腐蚀性，可置于称量瓶中称量，药匙用完后应洗净擦干。
④ 量取液体试剂时，应将试剂瓶有标签的一面置于掌心位置，瓶口紧贴于量筒口，缓慢倾斜试剂瓶，使试剂缓缓流入量筒中。如有特殊需要使用滴管或移液管移取时，应保证仪器洁净干燥，以免污染试剂。
⑤ 试剂称量或量取后，剩余试剂不得倒回原试剂瓶。
⑥ 自行配制的试剂，应在瓶上贴上标签，注明试剂名称、浓度及配制时间等。

项目四　实验的预习、记录和实验报告

一、实验预习

在进入实验室进行实验之前，应进行实验的预习工作，在认真阅读实验内容、观看实验教学视频的基础之上，完成实验的预习报告。以制备实验为例，预习报告通常包含如下内容：

① 实验目的、原理及相关主副反应方程式。
② 实验所需仪器。
③ 实验所需试剂的规格、用量及相关物理常数。
④ 实验装置草图。
⑤ 列出主要的实验步骤。
⑥ 列出实验数据。
⑦ 实验完成过程中的注意事项。

二、实验记录

在实验过程中，应仔细观察实验现象，认真、如实地记录反应体系颜色、性状的变化及相关实验数据，如原料的用量及颜色、加热温度、反应过程中有无气体或沉淀产生、产品的性状及颜色、产率或回收率、产品的其他物理参数等。实验现象及数据应记录及时、准确，字迹整洁，不能涂改，也不能实验后补记。实验完毕后，需将实验记录签字再交由实验老师审阅。实验记录是实验研究过程的真实体现，是实验报告书写的重要依据。

三、实验报告

实验完成后，应及时完成实验报告，对实验过程及结果进行整理、归纳与总结，分析实验过程中问题产生的原因。实验报告的格式如下：

（一）性质实验报告格式

1. 实验目的
2. 实验原理
3. 实验仪器与试剂
4. 实验步骤

步骤	现象	反应方程式	原因
…	…	…	…

5. 实验讨论

（二）制备实验报告格式

1. 实验目的

2. 实验原理

3. 实验仪器与试剂

4. 实验装置

5. 实验步骤

6. 实验数据（包括所有实验数据及产品的外观、产量、产率等）

7. 实验讨论

（三）实验报告实例

以乙酰苯胺的制备实验为例。

乙酰苯胺的制备

操作者：×××，×××

1. 实验目的

（1）掌握乙酰苯胺的实验室制备方法。

（2）掌握分馏、热液倾倒、重结晶等实验操作技术。

（3）熟悉乙酰苯胺制备的实验原理。

2. 实验原理

乙酰苯胺是制药、染料等工业领域重要的化工原料，其可通过苯胺与酰化试剂发生胺的酰基化反应而制得。本次实验采用乙酸酰化苯胺的方法，制备乙酰苯胺，乙酸作为酰化试剂，价格便宜、条件易控制、操作简便。主要反应方程式如下：

$$C_6H_5NH_2 + CH_3COOH \xrightarrow{Zn} C_6H_5NHCOCH_3 + H_2O$$

3. 实验仪器与试剂

（1）实验仪器

圆底烧瓶、刺形分馏柱、温度计、温度计套管、直形冷凝管、真空接引管、锥形瓶、量筒、烧杯、电炉、电子秤、布氏漏斗、抽滤瓶、循环水式真空泵、红外干燥箱等。

（2）实验试剂

名称	分子量	性状	熔点/℃	沸点/℃
苯胺	93	无色油状液体	-6.3	184.1
乙酸	60	无色透明液体	16.6	117.9
乙酰苯胺	135	白色固体	114	—
水	18	无色透明液体	0	100

4. 实验装置

略。

5. 实验步骤

（1）在50mL干燥圆底烧瓶中加入新蒸过的苯胺8mL、乙酸12mL、锌粉0.1g。

（2）按装置图由下而上，从左至右安装实验装置。通水、通电，加热回流，使反应体系微沸15min后，逐渐升温，在100～110℃范围内反应60min，停止加热。

（3）搅拌下，趁热将反应液倒入100mL冰水中，有白色固体析出，待完全冷却后，抽滤，用10mL水洗涤，抽干，得到白色乙酰苯胺粗品。

（4）将粗品加入100mL热水中，加热至沸腾，溶液中出现油珠，加入20mL热水，继续加热，油珠消失，再加入10mL热水，稍冷，加入0.5g活性炭，搅拌煮沸6min，脱色。

（5）趁热过滤，滤液转移至干净烧杯中，冷却至室温，抽滤，用10mL水洗涤晶体两次，抽干，将乙酰苯胺置于红外干燥箱中干燥10min。

（6）烘干后的乙酰苯胺呈白色片状结晶，将其置于电子秤上，称得产量为5.3g，产率为63.3%。

6. 实验数据

使用试剂数据表格：

试剂（或产品）	规格	质量（或体积）
苯胺	A.R.	8mL
乙酸	A.R.	12mL
锌粉	A.R.	0.1g
热水	—	130mL
活性炭	—	0.5g

实验过程数据表格：

项目		项目	
微沸时间/min	15	反应温度/℃	100～110
回流时间/min	60	产品质量/g	5.3
干燥时间/min	10	产率/%	63.3

产品外观：白色片状晶体。

7.实验讨论

结合本次实验的具体情况，对实验过程中出现的问题进行讨论。

项目五　常用化学工具

一、化学数据库

（一）国内常用数据库

1.CNKI中国知网

中国知网包括中国期刊全文数据库、中国优秀硕士学位论文全文数据库、中国博士学位论文全文数据库、中国重要会议论文全文数据库等数个子库。其中，中国期刊全文数据库收录国内8200余种重要期刊，内容涵盖自然科学、农业、医学、工程技术等多个领域，收录全文文献总量达2200多万篇，收录年限自1994年至今；中国优秀硕士学位论文全文数据库及中国博士学位论文全文数据库收录1999年至今全国数百家硕士（博士）培养单位的优秀硕士、博士学位论文，是国内目前资源最完备、质量最高、连续动态更新的学位论文全文数据库。

2.维普中文科技期刊数据库

维普中文科技期刊数据库收录中文期刊12000余种，全文达2300余万篇，学科范围涵盖理、工、农、医及社会科学等多个领域，分为自然科学、工程技术、医药卫生、教育科学、社会科学、农业科学、经济管理、图书情报等8个专辑。

3.中国专利检索

国家知识产权局提供的专利检索服务，提供关键词等词目检索服务：https://pss-system.cponline.cnipa.gov.cn/conventionalSearch。

4.化学专业数据库

由中国科学院上海有机化学研究所承担建设，包括化学结构与鉴定、天然产物与药物化学、安全与环保、化学文献、化学反应与综合等多个数据库系统：https://organchem.csdb.cn/scdb/default.asp。

（二）国外常用数据库

1.国外专利数据查询

常用于查询国外专利数据的系统有欧洲专利局、美国专利商标局、澳大利亚知识产权局等知识产权网站。欧洲专利局的网站网址为https://www.epo.org/，美国专利商标局的网站网址为https://www.uspto.gov/，澳大利亚知识产权局的网站网址为https://www.ipaustralia.gov.au/。

2.Springer Link数据库

德国施普林格数据库通过Springer Link系统提供电子图书及学术期刊的在线服务，每年出版期刊超过3000种，其涵盖的学科领域有化学、生命科学、地球科学、计算机科学、工程学、数学、医学等，其中大部分期刊被SCI、SSCI和EI等数据库收录，是科研人员的重要信息来源，其网站网址为https://link.springer.com/。

3.英国皇家化学学会数据库

英国皇家化学学会（Royal Society of Chemistry，RSC）成立于1841年，是由各化学领域的专家和学者组成的专业学术机构，数据库主要以化学及相关主题为核心，内容涵盖无机化学、有机化学、分析化学、物理化学、高分子化学、材料化学、应用化学、化学工程、生物化学及药物化学等多个领域，其网站网址为：https://www.rsc.org/。

二、化学结构软件

（一）ChemDraw结构式软件

ChemDraw是ChemOffice系列中的化学绘图软件，可用于处理和描绘有机材料、有机金属、氨基酸、肽、DNA等结构，可建立和编辑与化学相关的图形，如结构式、方程式、构象、轨道等；还可以预测化合物物理性质、光谱数据、IUPAC命名等；通过调用数据库，还可实现计算化学相关功能，利用软件画出的分子结构可通过Chem3D分子结构模型转换成空间立体模型。

（二）KingDraw结构式编辑器

KingDraw结构式编辑器内置多种化学绘图元素，可进行手势绘制、IUPAC命名、结构式搜索、轨道绘制、分子结构及化学反应绘制、化学属性分析等多种功能，操作简便，可兼容cdx、mol等多种常用绘图软件文件格式，可与ChemDraw结构式软件互通。

模块二
有机化学实验基本操作

任务1　熔点的测定

任务目标

知识目标：
1. 掌握熔点测定的原理。
2. 掌握熔点测定的操作技术。
3. 了解熔点测定的意义。

能力目标：
1. 能正确制作熔点管。
2. 能熟练利用熔点测定仪测定熔点。

素质目标：
1. 培养学生对待实验的科学态度及追求真理的科学精神。
2. 培养学生科学的世界观与方法论。

实验原理

在标准大气压下，加热晶体，使其由固相转变为液相，当固-液两相处于平衡状态时，此时的温度称为该晶体的熔点（melting point，m.p.）。晶体都具有固定的熔点。

晶体化合物从初熔至全熔的温度范围,称为熔距或熔程,一般情况下,纯净化合物的熔距在 0.5～1℃ 区间,当含有杂质时,会造成测定的熔点值下降,熔距增大,故可通过熔距的大小判断化合物的纯度。

图 2-1 为晶体化合物蒸气压与温度关系图,曲线 PM 表示的是固相蒸气压与温度的关系,曲线 MF 为液相蒸气压与温度的关系,两条曲线交于 M 点。在 M 点时,固相与液相蒸气压相等,两相平衡共存,此时所对应的温度 T_0 即为该晶体化合物的熔点。当温度低于 T_0 时,晶体化合物由液态转为固态,当温度高于 T_0 时,晶体化合物由固态转为液态。

加热纯净晶体,当温度接近熔点时,如图 2-2 所示,温度的上升速率随时间变化约为恒定值。温度达到熔点 T_0(M 点)时,此时固 - 液两相平衡共存,继续加热,温度不发生改变,加热所提供的热能全部用来进行相的转变,当固相全部转化为液相(F 点)时,继续加热,则体系温度线性上升。因此,当温度升至熔点附近时,应将升温速率减缓,通常控制在 1～2℃/min,使熔化过程尽可能接近于固 - 液两相平衡条件,减少测定误差。

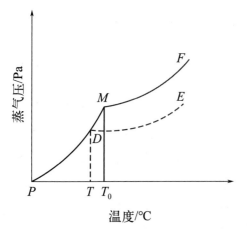
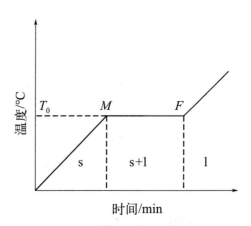

图 2-1　晶体化合物蒸气压与温度变化关系　　**图 2-2　晶体加热体系温度与时间关系**

当晶体中含有杂质时,可将体系看作为以固熔体为溶剂、以杂质为溶质的溶液。根据拉乌尔定律,一定温度下,稀溶液溶剂的蒸气压等于纯溶剂的蒸气压乘以溶液中溶剂的摩尔分数,也即稀溶液中溶剂的蒸气压总是小于纯溶剂的蒸气压。图 2-1 中曲线 DE 是含杂质的晶体化合物的蒸气压与温度的关系。D 点对应的温度 T 即为含杂质的晶体化合物的熔点,相比较于 T_0 而言,熔点发生了下降。含有杂质越多,熔点越低。

熔点是有机化合物特有的物理常数之一,其实验室测定方法通常有提勒管法、显微熔点测定法及利用数字熔点测定仪测定等方法。提勒管法操作简便,但测定样品用量大,测定时间长,难以观察样品加热过程中的晶型变化;显微熔点测定法相较于提勒管法，减少了样品的用量，且可在测定过程中观察样品的形态变化，但实验过程中样品的粒径大小及熔化过程中的观察都可为熔点测定带来误差。本实验采用数字熔点仪（图1-1）测定熔点，数字熔点仪是一种通过固体熔化时透光率的改变判断熔程的仪器，通常采用光电测量手段，测定过程中可绘制熔化曲线，可以测量固体的初熔、全熔温度，使用简便。

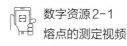

数字资源2-1
熔点的测定视频

【仪器和试剂】

仪器：毛细管、长玻璃管、表面皿、酒精灯、熔点测定仪等。

试剂：尿素（m.p.132.7℃）、肉桂酸（m.p.133℃）、50%尿素与50%肉桂酸混合物。

【实验步骤】

⇨ 取内径为1~1.5mm、长约10cm的毛细管，将其一端置于酒精灯火焰上加热熔封，制备熔点管

⇨ 取少量待测干燥样品置于干净的表面皿上，充分研磨成粉末后，聚成堆，熔点管开口朝下插入粉末中

⇨ 熔点管开口端向上，使样品落入管底，熔点管放入竖直长玻璃管中，自由落下，重复几次，装填高度为2~3mm

⇨ 打开熔点测定仪，预热，稳定后设置起始温度与升温速率

⇨ 温度达到设置值并稳定后，将装填好样品的熔点管放入测定孔中，点击升温按钮

⇨ 熔点测定仪绘出熔化曲线，并给出初熔、全熔温度

⇨ 拔出熔点管，待体系降温至设置温度并稳定后，放入新熔点管，点击升温，继续测定

⇨ 尿素、肉桂酸及混合物每个样品测定三次，取平均值，记录数据

⇨ 测定结束后，设置起始温度为室温，待体系稳定后，关闭熔点测定仪电源开关

【数据记录与处理】

实验数据表格：

项目	尿素		肉桂酸		混合物	
起始温度/℃						
升温速率/（℃/min）						
初熔温度 T_0/℃						
平均初熔温度 $\overline{T}_0$/℃						
全熔温度 T_F/℃						
平均全熔温度 $\overline{T}_F$/℃						
熔距/℃						

【问题思考】

1. 熔点管内有灰尘，对熔点测定会带来什么影响？
2. 若毛细管熔封未完全封闭管底，存在一小孔，对熔点测定有何影响？
3. 样品研磨的粒径大小对熔点测定的影响是什么？
4. 熔点管在装填时样品装填的不紧实对熔点测定有何影响？
5. 在熔点测定实验中，如何设置测定的起始温度与升温速率？
6. 测过的熔点管能否再测第二次？为什么？

【注意事项】

1. 待测样品应是干燥的，否则会使熔点测定值偏低。
2. 测定易吸潮或易升华的物质熔点时，可将熔点管的开口端进行熔封处理。
3. 每次测定都须用新的熔点管装填样品。
4. 将熔点管放入测定孔时须小心轻放，以免熔点管折断。

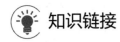
知识链接

科学实验中，要坚持问题导向，回答并指导解决问题是理论的根本任务。要增强问题意识，聚焦实践遇到的新问题，不断提出真正解决问题的新理念、新思路、新办法。在测定晶体熔点的历史上，1896年，德国化学家埃米尔·费歇尔（Emil Fischer）

就发现乙醛苯腙（APH）可在两个不同的温度下熔化，也即其具有两个熔点，一些样品在58℃左右熔化，而另一些样品则在100℃左右熔化，这与普通的认知是相互矛盾的，是什么原因导致了这一现象呢？对谜团的探求始于2008年，英国化学家特里·思雷福尔（Terry Threlfall）等在利用现代分析手段，如X射线衍射、核磁共振、红外光谱等分析两种熔点的乙醛苯腙晶体时发现，熔点如此不同的晶体在结构上竟然是完全相同的，都是Z-乙醛苯腙。思雷福尔与荷兰固体物理学家雨果·米克斯（Hugo Meekes）利用固体核磁共振波谱仪研究了APH热熔融过程，结果发现两种热熔体的光谱是不同的，也即相同的固态晶体熔化前后形成了具有不同结构的两种热熔体。进一步研究发现，高熔点APH熔化前后，都是Z构型，然后Z构型开始缓慢转化成E构型，直至达成稳定的Z/E-混合体；而低熔点APH熔化后，几乎立刻达到Z/E-混合平衡态，造成这种现象的主要原因在于结构的异构化，具体如下：

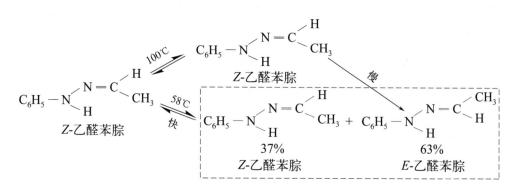

任务2 蒸馏及沸点测定

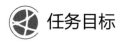 任务目标

知识目标：

1.掌握蒸馏实验的装置搭配方法。

2.掌握蒸馏实验的操作技术。

3.熟悉蒸馏的原理、意义及适用范围。

能力目标：

1.能正确搭配蒸馏装置。

2.能熟练利用蒸馏进行混合液分离及沸点测定。

素质目标：
1. 培养学生的创新思维能力与分析问题、解决问题的能力。
2. 培养学生树立良好的安全意识。

实验原理

蒸发是液体固有的物理特性，是物质由液态变为气态的相变过程，通常温度升高，蒸发时分子逸出的速度也随之而增大。液体汽化后在液面上形成蒸气，蒸气对液面施加的压力称为蒸气压，当液体分子从表面逸出的速度与其由蒸气回到液体中的速度相等时，在液面上的蒸气达到饱和，此时其对液面所施加的压力称为液体的饱和蒸气压。在一定温度及压力下，当液体的饱和蒸气压与外界压力相等时，液体的表面与内部同时发生剧烈的汽化，大量的气泡从液体内部逸出，称为液体的沸腾现象，此时的温度称为液体的沸点（boiling point，b.p.）。沸点的高低与液体所受外界压力大小相关，通常所说的沸点，是指在101.325kPa下液体的沸腾温度。实验室中可通过蒸馏进行沸点测定，由于气压及系统误差等因素，液体的沸点往往表现为一个温度的波动区间，称为沸程。纯净有机物的沸程通常很小，在0.5～1℃，不纯的液体有机物无恒定的沸点。需要注意的是，具有恒定沸点的液体不一定为纯净物，有些有机物可与其他化合物形成二元或三元恒沸混合物，这些恒沸混合物具有固定的沸点。如图2-3所示，D点为曲线的最低点，称为最低恒沸点。加热该溶液，当温度达到t_0时溶液沸腾，气相中与液相中高挥发性A组分含量相同，继续加热时，溶液像纯净物一样不断汽化，同时，A与B的组成不变，沸点也不变。如95.6%乙醇与4.4%水形成的恒沸混合物，其沸点为78.2℃。

蒸馏是有机实验中的一种基础操作实验手段，是将液体物质加热至沸腾产生蒸气，然后使蒸气冷凝成液体的过程。对混合液进行蒸馏时，沸点低的组分先沸腾变为蒸气，沸点高的组分则留在烧瓶中，以此可实现沸点不同的各组分混合液的分离与纯化。但在蒸馏沸点接近的液体混合物时，各组分的蒸气会被同时蒸出，难以达

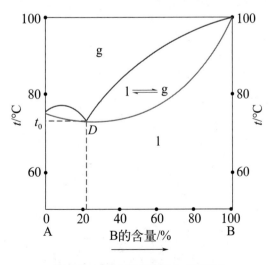

图2-3 二元体系沸点-组成图

到分离提纯的目的，普通蒸馏主要适用于沸点差大于30℃的液体混合物的分离。

在蒸馏实验中，有时会出现过热现象。为保证沸腾平稳进行、防止液体暴沸，通常可通过搅拌或加入沸石，帮助液体形成汽化中心。若加热后发现未加入沸石，须撤去热源，待体系温度降至沸点以下时才可补加沸石。蒸馏实验的基本装置如图2-4所示。

数字资源2-2
蒸馏及沸点测定视频

【仪器和试剂】

仪器：圆底蒸馏烧瓶、蒸馏头、100℃温度计、直形冷凝管、接液管、水浴锅、锥形瓶、温度计套管、升降台、磨口塞、量筒等。

试剂：70%乙醇溶液、沸石。

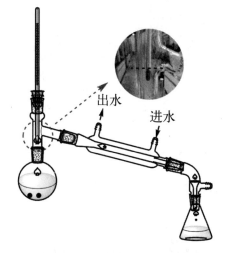

图2-4 常压蒸馏实验装置

【实验步骤】

量取70%乙醇溶液适量置于圆底蒸馏烧瓶中，加入沸石2～3粒，记录混合液体积V_0 ⇨ 按从下往上、从左往右的顺序安装蒸馏装置，确定温度计测温球体部位的安装位置及冷凝管进出水方向

⇨ 通水、通电，水浴加热，舍去前馏分，收集77～79℃的馏分 ⇨ 控制馏出速度为1～2滴/s，当温度计读数超过79℃时，停止收集，记录收集的温度范围

⇨ 关闭电源及冷凝水，量筒测量馏出液的体积V_1，并记录，按与搭建装置相反的次序拆除装置，并洗涤

【数据记录与处理】

实验数据表格：

试剂（或产品）	70%乙醇
混合液体积 V_0/mL	
收集温度 T/℃	
沸程 ΔT/℃	
馏出液体积 V_1/mL	
回收率/%	

【问题思考】

1. 如果液体具有恒定的沸点，可否认为该液体为纯净物？
2. 蒸馏时，温度计安装位置的高低对蒸馏液体所测的沸点有什么影响？
3. 防止发生蒸馏过程中的暴沸现象可采取哪些措施？
4. 蒸馏时发现未通冷凝水，如何处理？

【注意事项】

1. 被蒸馏的液体组分若沸点低于80℃，通常可采用水浴加热方式。
2. 蒸馏实验中，烧瓶中加入液体的量最低不能少于烧瓶容积的1/3，最多不能超过烧瓶容积的2/3。
3. 冷凝管通水时，下端为进水口，上端为出水口，水流方向与蒸气前进方向相反，冷却效果最佳。冷凝水的流速以保证蒸气充分冷凝即可。

 知识链接

分子蒸馏（molecular distillation，MD）又称为短程蒸馏，是利用不同物质分子运动自由程的差异进行分离的方法，可实现混合液在低于沸点温度下的分离。

一个分子相邻两次分子碰撞之间所走的距离，称为分子运动自由程。在一段时间内，分子运动自由程的平均值，称为分子运动平均自由程。由图2-5可知，当混合液沿加热板流动并被加热时，轻、重分子逸出液面进入气相，轻分子的分子运动平均自由程大于重分子，故在距液面小于轻分子平均自由程而大于重分子平均自由程处设置一冷凝板，使得轻分子到达冷凝面被冷凝排出，而重分子则由于到达不了冷凝面而返回原来的液面被排出，从而实现混合液的分离。

分子蒸馏具有蒸馏压强低、分离程度高、受热时间短等特点，特别适用于高沸点、高黏度、具有热敏性和生物活性物料的分离。如医药行业中，可利用二级分子蒸馏以含87%天然维生素E的天然α-生育酚粗提液为原料提取高质量的天然α-生育酚；在食品行业中，可用分子蒸馏提取食品中易被氧化的不饱和脂肪酸；在化妆品行业领域，可利用分子蒸馏提取特征性的香味成分等。

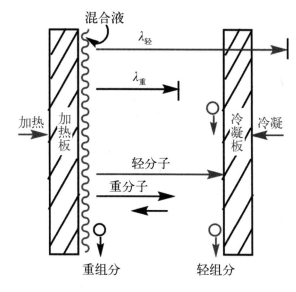

图2-5　分子蒸馏原理图

任务3　分馏

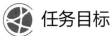任务目标

知识目标：

1. 掌握分馏实验的装置搭配方法。
2. 掌握分馏实验的操作技术。
3. 熟悉分馏的原理、意义及适用范围。

能力目标：

1. 能正确搭配分馏装置。
2. 能熟练利用分馏进行混合液的分离。

素质目标：

1. 培养学生实事求是的科学态度与理论联系实际的工作作风。
2. 培养学生的创新意识与创新能力。

实验原理

分馏是除蒸馏外,利用液体沸点差异实现混合液分离的手段之一,通常用于沸点差小于30℃的混合液体系。分馏柱是分馏实验中常用的实验仪器,可分为韦氏分馏柱(又称为刺形分馏柱)、达弗顿分馏柱及填充式分馏柱等,实验室中常用韦氏分馏柱。当加热至混合液沸腾时,混合蒸气进入分馏柱,基于柱外空气及柱体的冷却,蒸气中沸点最高的组分首先被冷凝成液体,回流进入下方圆底烧瓶中,从而使上升蒸气中沸点低的组分的相对含量增大。冷凝液在回流过程中与上升的蒸气进行热量交换,上升蒸气中的高沸点组分又被冷凝,冷凝液中低沸点的组分受热再次汽化,使得蒸气中低沸点的组分含量再次增大。蒸气从柱底上升至柱顶的过程中,反复多次地进行汽化、冷凝、回流等操作,最终在分馏柱中,按沸点由高到低,依次从柱底排列至柱顶,通过控制合适的加热温度,可将沸点差相对较小的混合液组分依次从柱顶蒸出。从分离的过程来看,分馏相当于多次的普通蒸馏。

以苯-甲苯混合体系为例,图2-6为苯-甲苯二元体系沸点-组成图。图中的下方曲线为苯-甲苯体系沸点与液相的组成关系,上方曲线则为该混合体系沸点与气相的组成关系,两条曲线合围区域为气液平衡共存区。若加热含80%甲苯与20%苯的混合液,当温度达到L_1点对应的值时,混合液沸腾,蒸气的组成为G_1,很明显该组成比液相含更多的易挥发成分苯。若将组成为G_1的馏出液进行第二次蒸馏,当温度达到L_2点对应的值时沸腾,此时蒸气的组成为G_2,G_2比G_1含更多的易挥发成分苯,显然,经过多次的蒸馏,在气相中可得到高纯度的苯,从而实现甲苯与苯的分离。

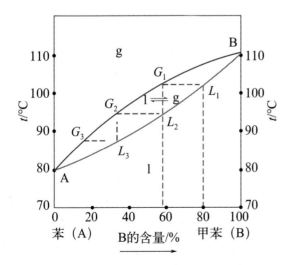

图2-6 苯-甲苯二元体系沸点-组成图

数字资源2-3
分馏视频

应当注意的是，可形成恒沸混合物的体系，由于沸腾时气液平衡体系中气相组成与液相组成完全相同，故不能使用分馏将其分开，只可得到按一定比例构成的混合物。

分馏柱的分离效果与分馏柱的绝热性能、柱高、柱中填料类型及回流比相关。分馏柱的绝热性能越好，蒸气在上升过程中的对流传导及热辐射所引起的热量损失就越小，分馏效果越好。分馏柱越高，蒸气在柱中上升时进行的汽化、冷凝及回流次数越多，分馏效果越好，但柱体不宜过高，以免影响分馏的效率。有时为提高分馏效果，还可在分馏柱中填充填料，常用作填料的物质有玻璃、瓷及金属棉等，填料可增加上升蒸气与回流的液体之间的接触，有利于热量的交换与传递，通常填料柱的效果与填料的种类、密度和堆放均匀度相关。回流比为同一时间内柱顶冷凝流回柱底的液体量与馏出液体量的比值。回流比大，说明蒸气上升时的热损失大，分馏速度慢，分馏效率差；回流比小，蒸出液体的速度快、量大，则很难实现有效的分离，故在分馏实验中，通过控制合适的回流比，可提高混合液的分离效果与效率。

分馏的实验室装置如图2-7所示。

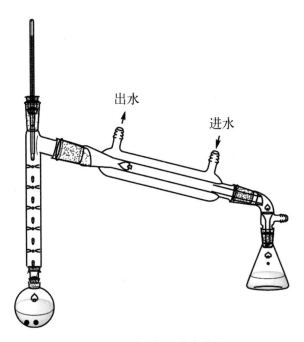

图2-7　分馏的实验室装置

【仪器和试剂】

仪器：圆底蒸馏烧瓶、韦氏分馏柱、100℃温度计、直形冷凝管、真空接引管、水浴锅、锥形瓶、温度计套管、升降台、量筒、磨口塞等。

试剂：丙酮：乙醇＝1∶1（体积比）、沸石。

【实验步骤】

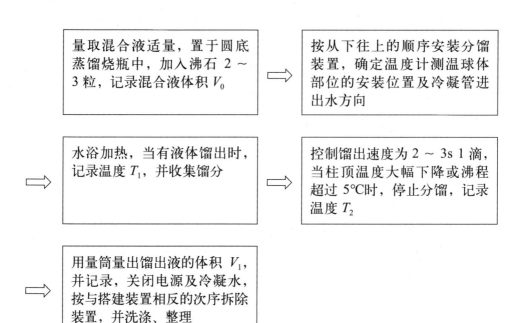

【数据记录与处理】

实验数据表格：

试剂（或产品）	丙酮/乙醇混合液
混合液 V_0/mL	
馏出温度 T_1/℃	
馏出温度 T_2/℃	
沸程 ΔT/℃	
馏出液体积 V_1/mL	
回收率/%	

【问题思考】

1. 分馏与蒸馏在原理与装置上有何异同点？影响分馏效果的因素有哪些？
2. 分馏时若升温速率太快，对混合液的分离有何影响？
3. 使用韦氏分馏柱分馏时，为何安装分馏柱要尽可能垂直？
4. 分馏时温度计的安装位置过高或过低对分馏结果有何影响？

【注意事项】

1. 实验过程中使用的温度计未经校准，馏出液的沸点与理论值或有偏差。

2. 若因柱高或外界环境温度过低致使蒸气难以达到柱顶时，可在分馏柱外缠绕石棉绳或其他保温材料进行保温，减少热量损失。

3. 分馏实验中，分馏柱内温度梯度通常可通过控制分馏速率建立起来，升温速率过快，会使柱内几乎没有温差，蒸出液体速率太快，混合液难以分离，还可能会引发液泛。

任务4　减压蒸馏

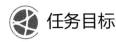

任务目标

知识目标：

1. 掌握减压蒸馏装置的安装及操作技术。
2. 熟悉减压蒸馏的原理。
3. 了解减压蒸馏的应用。

能力目标：

1. 能正确组装减压蒸馏装置。
2. 能正确进行减压蒸馏操作。

素质目标：

1. 培养学生科学的实验态度与良好的工作作风、相互协作的团队精神。
2. 培养学生树立安全意识与环保意识。

实验原理

通过减压设备降低体系压力，液体在较低沸点下被蒸馏出来，称为减压蒸馏。减压蒸馏是有机实验中常用的分离手段之一，主要针对受热易分解、氧化、聚合的物质分离或某些很难用常压蒸馏方法纯化的高沸点组分的分离。

根据克拉佩龙-克劳修斯方程：

$$\ln\frac{p_2}{p_1}=\frac{\Delta H}{R}\left(\frac{1}{T_1}-\frac{1}{T_2}\right)$$

式中，p 为蒸气压；ΔH 为相变热；R 为摩尔气体常数；T 为沸点。不难看出，当压力下降时，体系的沸点也随之下降，即在低压下，液体分子比在常压下更易挥发。

通常情况下，由于液体分子间的缔合程度不同，沸点与压力之间并不完全符合上述公式的计量关系，存在一定的偏差。

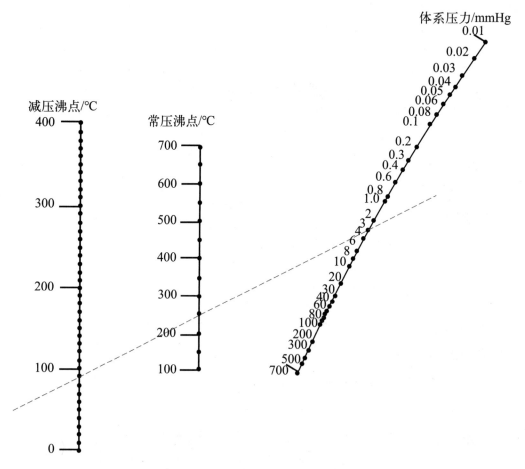

图2-8　液体在常压及减压条件下沸点的近似关系图（1mmHg=133.322Pa）

若液体在减压条件下的沸点难以查询，可利用图2-8液体在常压及减压条件下沸点的近似关系推测近似值。方法为首先确定液体化合物在常压下的沸点及减压体系的压力值，将两点连接后延长，与减压沸点线相交点的对应值即为在该压力下的近似沸点。许多有机物的沸点当压力降至1.3～2.0kPa（10～15mmHg）时，可比常压下降低80～100℃，一些化合物在不同压力下的沸点见表2-1。

表 2-1　不同压力下化合物的沸点

压力 /Pa（mmHg）	沸点 /℃					
	水	甘油	氯苯	苯甲醛	水杨酸乙酯	苯胺
101325（760）	100	290	132	179	234	184
6667（50）	38	204	54	95	139	102
3999（30）	30	192	43	84	127	91
3333（25）	26	188	39	79	124	86
2667（20）	22	182	35	75	119	82
1999（15）	18	175	29	69	113	76
1333（10）	11	167	22	62	105	68
666（5）	1	156	10	50	95	58

常见的减压蒸馏装置由蒸馏单元、测压保护单元及减压单元构成。图 2-9 为蒸馏单元示意图，包括圆底蒸馏烧瓶、克氏蒸馏头、毛细管、温度计、冷凝管、三叉接收管等。

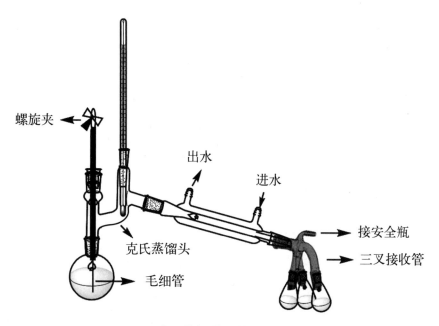

图 2-9　减压蒸馏装置蒸馏单元示意图

减压蒸馏装置的蒸馏单元与普通常压蒸馏有些许不同。为防止冲液，烧瓶中一般加入的液体量为烧瓶容积的 1/3 ～ 1/2；用克氏蒸馏头替代了普通蒸馏头；烧瓶上安装一用玻璃管拉制的毛细管，毛细管下端伸入至液面以下距瓶底 1 ～ 2mm 处，上端套一乳胶管，内插一根细金属丝，用螺旋夹夹住，通过控制螺旋夹的松紧来调节进入烧瓶的空气量。减压蒸馏时,空气由毛细管进入,成为液体的汽化中心,若空气对蒸馏组分有影响,也可经由毛细管通入惰性气体进行保护。冷凝管末端连接多尾接收管,需分段蒸馏时,可旋转多尾接收管,更换接收容器,多尾接收管上相继连接测压保护单元及减压单元。

图2-10为减压蒸馏装置的测压保护单元,通常由安全瓶、冷阱、压力计及干燥塔等构成。一般选择抽滤瓶作为安全瓶,瓶上连有带活塞的导管,旋开活塞与大气相通,可防止泵油倒吸;冷阱一般用来冷凝水蒸气及一些易挥发组分,防止其进入真空泵损坏减压设备,使用时可将冷阱放入盛有冷却剂的保温瓶中,冷却剂通常可使用冰-水体系、冰-盐体系或干冰等;压力计用来指示体系的压力,通常采用左端封闭的U形管水银压力计,两臂汞柱的高度之差(mmHg)即为体系的真空度;干燥塔内通常装有无水氯化钙、氢氧化钠及石蜡片等,用以吸收水蒸气、酸性蒸气及有机气体等以保护真空泵,干燥塔末端与真空设备连接;实验室中常用的真空设备有水泵与油泵。水泵常用的为循环水真空泵,可减压至1599~3999Pa(12~30mmHg),而油泵则可将压力降至266~533Pa(2~4mmHg)。

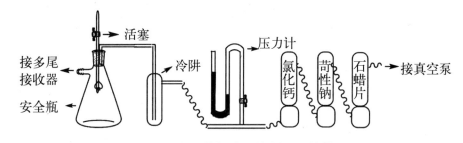

图2-10 减压蒸馏装置的测压保护单元

减压蒸馏前,应先检查装置的气密性:夹紧螺旋夹,旋开安全瓶上活塞,启动真空泵,再逐渐关闭安全瓶上活塞,观察压力计压力变化,检查无误后,缓慢打开安全瓶活塞,直至内外压相等后关闭真空泵。将待分离液加入烧瓶中,关闭安全瓶活塞,启动真空泵,调节螺旋夹,使毛细管末端有稳定小气泡冒出。待压力符合要求且稳定时,开始加热,逐渐升温,舍去前馏分,待达到所需沸点时,旋转多尾接收管,更换接收烧瓶,控制蒸馏速度每秒1~2滴,继续蒸馏。蒸馏完毕后,先停止加热,缓慢打开螺旋夹及安全瓶活塞,待内外压平衡后,关闭真空泵,拆除仪器。

【仪器和试剂】

仪器:圆底烧瓶、克氏蒸馏头、温度计、螺旋夹、毛细管、直形冷凝管、三叉接收管、梨形瓶、安全瓶、冷阱、压力计、干燥塔、油泵、量筒、恒温电热套等。

试剂：乙酰乙酸乙酯（b.p.180 ℃，760mmHg）或呋喃甲醛（b.p.162 ℃，760mmHg）。

【实验步骤】

【数据记录与处理】

实验数据表格：

试剂（或产品）	乙酰乙酸乙酯
待蒸液 V_0/mL	
真空度 /mmHg	
馏出温度 T_1/℃	
馏出温度 T_2/℃	
沸程 ΔT/℃	
馏出液体积 V_1/mL	
回收率 /%	

【问题思考】

1. 减压蒸馏适用于哪些体系的分离？
2. 减压蒸馏时通常需要先抽真空后加热，为什么？
3. 使用减压蒸馏的混合液中含低沸点组分有何影响？该如何处理？
4. 通常可采取哪些措施保护真空泵？各自起到何种作用？

【注意事项】

1.中断或停止蒸馏时,一定要在内外压平衡后才能关闭真空泵的电源开关,否则体系中压力过低,易使真空泵中的水或油产生倒吸。

2.结束蒸馏打开活塞时,应缓慢操作,使压力计中的水银柱慢慢复原,如放空速度过快,易使水银快速上升造成压力计损坏。

3.使用循环水真空泵切忌长时间抽真空操作,否则易使水温上升,水的蒸气压增大,影响真空度;油泵的效能与油的质量及其机械结构密切相关。挥发性大的有机溶剂被油吸收后会增加油的蒸气压,酸性蒸气会腐蚀油泵机械结构,水蒸气则会使油形成乳浊液,这三者都会降低油泵的抽真空效能,故使用油泵时,必须安装吸收干燥装置。

 知识链接

大自然是人类赖以生存发展的基本条件,推进美丽中国建设,其中之一就是要加强环境保护,坚持精准治污、科学治污。作为绿色水处理技术之一的减压膜蒸馏,在污水处理领域有着广泛的运用。膜蒸馏(membrane distillation,MD)提出于1967年,其将蒸馏与膜技术相结合,在疏水微孔膜的选择性作用下,通过控制膜两侧的蒸气压,料液中挥发性高的组分通过微孔膜,从而实现分离。若在减压侧引入真空设备进行减压操作,则可组合成减压膜蒸馏(vacuum membrane distillation,VMD)技术,图2-11为减压膜蒸馏的基本流程示意图。

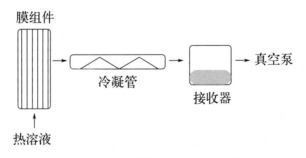

图2-11 减压膜蒸馏基本流程

VMD具有操作简便、节能、分离效率高、膜通量大等特点,具有良好的应用前景。除在工业废水处理、水溶液中挥发性有机物(VOC)分离等环境保护领域运用之外,在海水淡化、溶液浓缩、超纯水制备等领域也有着广泛的应用研究。

任务5　水蒸气蒸馏

任务目标

知识目标：
1. 掌握水蒸气蒸馏的装置及操作方法。
2. 熟悉水蒸气蒸馏的基本原理。
3. 了解水蒸气蒸馏的应用。

能力目标：
1. 能正确搭建水蒸气蒸馏的实验装置。
2. 能利用水蒸气蒸馏分离混合液。

素质目标：
1. 培养学生树立严谨细致的科学态度与团结协作的职业道德。
2. 培养学生发现问题、分析问题、解决问题的能力。

实验原理

水蒸气蒸馏是以水蒸气为供热体，将其通入不溶或难溶于水，且不与水发生化学反应，但具有一定挥发性（100℃附近有至少1333Pa蒸气压）的有机液体混合物中，使待提取物质被水蒸气夹带一起馏出的蒸馏方法。

互不相溶的挥发性物质混合物，其中的每一组分在一定温度下的分压等于在同一温度下对应纯化合物的蒸气压，而不取决于该化合物在混合物中的摩尔分数，故体系的总蒸气压为：

$$p_{总}=p_{水}+p_{物}$$

式中，$p_{水}$为水的蒸气压；$p_{物}$为与水不溶或难溶的物质的蒸气压。

当加热物料至沸腾时，$p_{总}$与外界大气压相等，由上述公式可知，混合物的沸点必定低于水与任一组分的沸点，也即在常压下将水蒸气通入待分离体系中时，可在

100℃以下将水与高沸点组分一起馏出。蒸馏过程中，混合物的沸点维持不变，直至其中一种组分全被蒸出。如在合成苯胺的实验中，产物苯胺的沸点为184.4℃，利用水蒸气蒸馏，当温度达98.4℃时，该温度下$p_{水}$为95427.5Pa，而$p_{苯胺}$为5652.5Pa，两者蒸气压之和与大气压相当，故此时混合物沸腾，苯胺与水一起被蒸馏而出。

水蒸气蒸馏得到的冷凝液组成由所蒸馏组分的分子量及在蒸馏温度下的蒸气压值来决定，由理想气体定律可知，混合蒸气中各组分的物质的量之比等于各组分的分压之比：

$$\frac{n_{水}}{n_{物}} = \frac{p_{水}}{p_{物}}$$

将物质的量用质量及摩尔质量进行代换，可有：

$$\frac{m_{水}}{m_{物}} = \frac{M_{水} p_{水}}{M_{物} p_{物}}$$

由上式可知，待分离组分与水在馏出液中的质量之比，与其蒸气压及摩尔质量成正比。如分离溴苯与水的混合液，在95℃时，溴苯与水的蒸气压分别为15960Pa和85120Pa，两者之和近似于大气压，在该温度下馏出液的组成按上式计算可得：

$$\frac{m_{水}}{m_{溴苯}} = \frac{1}{1.64}$$

虽然在该温度下溴苯的蒸气压很小，但由于溴苯的摩尔质量远大于水的摩尔质量，故在馏出液中，溴苯所占比重仍比水多。

水蒸气蒸馏是分离提纯有机化合物的重要方法之一，通常可用于：

① 常压蒸馏时易发生分解的高沸点有机物。
② 体系中含大量树脂状杂质或不挥发性杂质，采用萃取、蒸馏难以分离的。
③ 从较多的固体物质中分离被其吸附的液体。

水蒸气蒸馏的装置如图2-12所示，通常由水蒸气发生器、蒸馏瓶、冷凝管及接收器等部分组成。

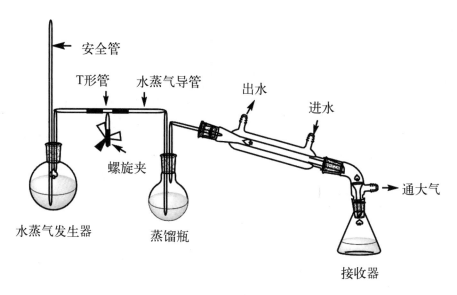

图 2-12 水蒸气蒸馏装置图

传统的水蒸气发生器通常为金属材质，侧面附连通玻璃管，以便观察水位，目前多用圆底或平底烧瓶代替。发生器中插入一根底端接近烧瓶底部的安全管，可观察发生器中水蒸气压力高低。发生器产生的水蒸气由导管引出，通过T形管连接后，导入蒸馏瓶，T形管下端乳胶管用螺旋夹夹住。当气路在蒸馏过程中发生堵塞时，可观察到发生器安全管内水位上升，若障碍排除或打开螺旋夹通大气，安全管中水位即可回落至正常高度。蒸馏瓶通常可采用二颈烧瓶，或用单颈烧瓶配蒸馏头代替。水蒸气导管伸入液面以下近瓶底处，烧瓶中待蒸馏液一般不超过烧瓶容量的1/3，以免水蒸气冷凝过多造成气阻增大或液体冲溅。冷凝管一般采用直形冷凝管，冷却水流速通常需适当大些，以利于充分冷凝。

在进行水蒸气蒸馏操作时，应首先打开螺旋夹，加热水蒸气发生器，待其中水沸腾产生水蒸气后再夹紧螺旋夹，引导蒸气进入蒸馏瓶，控制馏出液速度以每秒约2～3滴为宜。蒸馏过程中应时刻注意安全管中水位，若水位上升太高或液体倒吸时，应立刻打开螺旋夹，再停止加热，排除故障后才可继续蒸馏。当滴入接收器中的馏出液无浮油时，即可打开螺旋夹，移去热源后停止蒸馏。

【仪器和试剂】

仪器：水蒸气发生器、安全管、1000mL圆底烧瓶、T形管、螺旋夹、导管、150mL圆底烧瓶、直形冷凝管、真空接收器、锥形瓶、分液漏斗、量筒等。

试剂：冬青油、沸石。

【实验步骤】

往水蒸气发生器中加入约 1/2 的水，加入几粒沸石；蒸馏瓶中加入 5mL 冬青油与 5mL 水 ⇒ 安装水蒸气蒸馏实验装置；打开螺旋夹，加热水蒸气发生器至水沸腾 ⇒ 当 T 形管口有水蒸气冲出时，夹紧螺旋夹，将水蒸气引导进蒸馏瓶中 ⇒ 控制馏出速度，蒸至馏出液无油珠时再多蒸 10mL 左右 ⇒ 停止蒸馏，打开螺旋夹，移去热源，关闭冷凝水，拆除装置 ⇒ 将馏出液转移至分液漏斗中，静置分层后分液，记录回收体积

【数据记录与处理】

实验数据表格：

试剂（或产品）	冬青油
加入体积 V/mL	
馏出液体积 V_1/mL	
回收冬青油/mL	
回收率/%	

【问题思考】

1. 水蒸气蒸馏适合哪些体系的分离？
2. 水蒸气蒸馏时，插入蒸馏瓶中的导管为何在近瓶底部？
3. 可以采用水蒸气蒸馏的有机物应具备什么特点？
4. 水蒸气蒸馏装置中安全管和 T 形管的作用分别是什么？

【注意事项】

1. 馏出液也可使用 10mL 乙醚分两次萃取，萃取液合并后蒸出乙醚，得纯冬青油。

2.为避免水蒸气冷凝造成蒸馏瓶中液体过多,可在蒸馏瓶下小火加热。

3.若随水蒸气馏出的物质的凝固点较高,在冷凝管中易冷却析出固体,则应调小冷凝水的流速,尽量使馏出液保持液态流入接收器中。

任务6 洗涤与萃取

任务目标

知识目标:

1.掌握洗涤、萃取的基本操作方法。

2.熟悉洗涤与萃取实验的基本原理。

3.了解洗涤与萃取的应用。

能力目标:

1.能正确进行洗涤与萃取操作。

2.能正确选择萃取剂。

素质目标:

1.培养学生观察现象、分析事物发展变化规律的能力。

2.培养学生的发散思维及创新能力。

实验原理

洗涤与萃取是将有机物从固体或液体混合物中分离、提纯的重要手段之一,广泛用于有机物制备的后处理及动植物中有效成分如脂肪、蛋白质、芳香油等的提取分离,前者通常称为洗涤,后者常称为萃取、提取或抽提。洗涤也属萃取的一种,根据被萃取物的状态不同,可将萃取分为液-液萃取、固-液萃取等。

萃取是利用物质在两种互不相溶(或相微溶)的溶剂中的溶解度或分配系数不同,使物质从一种溶剂转移至另一种溶剂,经过反复多次的萃取,可将溶解的物质绝大多数提取出来。分配定律是萃取的主要理论依据。物质在不同的溶剂中溶解度往往不同,在两种不相溶的溶剂中加入溶质,溶质分别溶于两溶剂中,在一定的温度及压力下,溶质在两溶剂中分配的浓度之比为一定值,可表示为:

$$K = \frac{c_A}{c_B}$$

式中，K 为常数，称为分配系数。有机化合物在有机溶剂中的溶解度通常大于其在水相中的溶解度，用有机溶剂萃取溶解于水的有机物，是萃取在有机物提取中的典型应用。若要萃取完全，通常需进行多次萃取。设在体积为 V 的溶剂 A 中溶解溶质质量为 m_0，每次用体积为 S 的溶剂 B 进行萃取。假设经一次萃取后溶剂 A 中剩余溶质质量为 m_1，则有：

$$K = \frac{c_A}{c_B} = \frac{\dfrac{m_1}{V}}{\dfrac{m_0 - m_1}{S}}$$

即

$$m_1 = m_0 \frac{KV}{KV + S}$$

假设经第二次萃取后，溶剂 A 中剩余溶质质量为 m_2，则有：

$$K = \frac{c_A}{c_B} = \frac{\dfrac{m_2}{V}}{\dfrac{m_1 - m_2}{S}}$$

即

$$m_2 = m_1 \frac{KV}{KV + S} = m_0 \left(\frac{KV}{KV + S}\right)^2$$

依此类推，经 n 次萃取后，溶剂 A 中剩余溶质的质量有：

$$m_n = m_0 \left(\frac{KV}{KV + S}\right)^n$$

由上式可知，萃取的次数 n 值越大，m_n 越小，也即溶剂 A 中剩余溶质的质量越少，故萃取时，采用少量多次的原则，萃取效率更高。当萃取用溶剂总体积保持不变时，萃取次数 n 值越大，则每次使用的萃取剂体积 S 就越小，当 $n > 5$ 时，n 与 S 对 m_n 的影响基本可以忽略，故通常萃取次数不超过 5 次，通常萃取 3 次即可。

（一）液-液萃取

使用液-液萃取最多的是水溶液中物质的萃取，常使用的玻璃仪器为分液漏斗。在液-液萃取中，首要的关键影响因素是萃取剂的选择，其应遵循如下原则：萃取剂与溶质或原溶剂不发生反应，萃取剂不与原溶剂相溶，溶质在萃取剂中的溶解度远大于在原溶剂中的溶解度。除此之外，还可考虑萃取剂是否易被回收、价格是否低廉、毒性是否小及化学稳定性是否高等因素。实验室中常用的萃取剂有苯、四氯化碳、氯仿、石油醚、乙酸乙酯、乙醚、正丁醇等。通常，难溶于水的溶质用石油醚萃取，较易溶于水的溶质用苯或乙醚萃取，易溶于水的溶质用乙酸乙酯萃取。

萃取时通常选择比被萃取溶液与萃取剂体积总和大一倍左右的分液漏斗。分液漏斗的活塞通常有玻璃塞与聚四氟乙烯塞，含玻璃塞的分液漏斗使用前通常要在玻璃塞孔的前端与后端涂上薄的凡士林层，以免漏液。使用分液漏斗前应检漏，方法为：关闭活塞，向分液漏斗中加少量水，检查有无漏液；盖上顶塞，以手指抵住顶塞，倒置漏斗，检查顶塞处有无漏液。在确定无漏液的情况下，将分液漏斗放置于铁圈（固定于铁架台上）中备用。

关闭分液漏斗活塞，从上口加入待萃取溶液及萃取剂，塞紧顶塞，从铁圈中取出分液漏斗，右手掌心抵住顶塞，手指握住漏斗颈部，分液漏斗下端穿过左手中指与无名指指间，中指与无名指分叉于漏斗两侧，左手拇指与食指控制活塞旋钮，平放于胸前进行振摇，使漏斗中液体充分接触，然后，将漏斗上端向下倾斜，下端开口斜向上，对准空旷无人处，打开活塞放气。振摇、放气重复操作2~3次后将分液漏斗放于铁圈中静置、分层（图2-13）。待漏斗中液体分至两层且界线清晰时，打开顶塞，将漏斗下端紧贴于接收器内壁上，缓慢打开活塞，分出下层液，上层液从分液漏斗的上口倒出。将被萃取液倒入分液漏斗中，再加入新的萃取剂，重复操作，一般萃取3~5次。在萃取操作结束前，切勿将萃取后的溶液倒掉，以免操作失误无法挽救。将萃取液合并，干燥剂干燥后蒸除溶剂，所得有机物再通过蒸馏、分馏或重结晶等进行

图2-13 分液漏斗的使用

 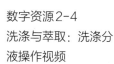

数字资源2-4
洗涤与萃取：洗涤分液操作视频

纯化。

液-液萃取时，常在剧烈振摇后发生乳化，使得两相不能分层或不能很快分层，此种情况可采用如下方法解决：

① 长时间静置。
② 利用"盐析效应"，加入电解质。
③ 加热。
④ 加水等溶剂。
⑤ 加入酸碱。
⑥ 加入少量醇类化合物。

液-液萃取时，若溶质在两相中的分配系数接近于1，通常需要进行多次萃取，为节省萃取剂的使用量，一般可采用连续萃取装置进行萃取操作。

（二）固-液萃取

固-液萃取是利用萃取剂对固体中被提纯物质与杂质之间的溶解能力不同而实现分离的操作手段，通常可用浸出法及索氏（soxhlet）提取器提取。浸出法是通过萃取剂长时间浸润固体，将其中有效组分溶解浸出的方法，通常用于天然产物的萃取，设备及操作简便，但萃取剂使用量大，萃取效率低下。索氏提取器主要由圆底烧瓶、脂肪提取器及冷凝管等构成（图2-14），其原理为利用溶剂蒸发、回流及虹吸，使待提纯物连续多次被萃取剂萃取，萃取效率高，使用萃取剂量少。

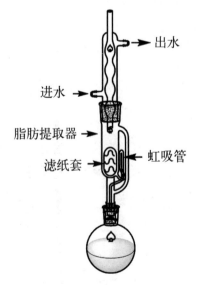

图 2-14　索氏提取器

索氏提取器的使用方法为：在圆底烧瓶中加入萃取剂（不超过烧瓶容积的1/2），将研磨后的固体用滤纸包好后置于滤纸套管内，封好上下口后放于脂肪提取器中。提取器下端连接圆底烧瓶，上端与冷凝管相连。对萃取剂进行加热使之沸腾，蒸气进入冷凝管被冷却成液体后滴入提取器中，浸润固体并萃取出部分组分，当液面超过虹吸管的最上端后，液体经虹吸又流回圆底烧瓶。萃取剂经汽化、冷凝、回流、浸溶、虹吸，循环反复，直至大部分组分被提取出来。被提取的组分富集于圆底烧瓶中，再通过蒸馏、分馏等操作除去萃取剂，即可实现物质的分离提取。

【仪器和试剂】

仪器：分液漏斗、量筒、烧杯、锥形瓶、梨形瓶、点滴板、胶头滴管等。

试剂：乙酸乙酯、5%苯酚水溶液、1%三氯化铁溶液。

【实验步骤】

量取 20mL 苯酚水溶液，倒入分液漏斗中，再加入 10mL 乙酸乙酯，塞好顶塞 ⇨ 按萃取操作方法进行振摇、放气、静置、分层、分液，将下层液放入烧杯中，上层液倒入锥形瓶中

⇨ 水溶液倒入分液漏斗，再加入 10mL 乙酸乙酯萃取，重复以上操作 ⇨ 合并两次乙酸乙酯萃取液，将其转移入梨形瓶中。旋转蒸发，移除乙酸乙酯，得到苯酚

⇨ 用胶头滴管分别吸取 5%苯酚水溶液及萃取过的下层水溶液，将其滴于点滴板上，各加入 1% 三氯化铁溶液 2 滴，观察现象

【数据记录与处理】

实验数据表格：

试剂（或产品）	
5%苯酚水溶液 V_0/mL	
乙酸乙酯 V_1/mL	
乙酸乙酯 V_2/mL	
苯酚 V_3/mL	
5%苯酚水溶液现象	
萃取后水层现象	

【问题思考】

1. 若需将有机物从水溶液中萃取出来，该如何选择合适的萃取剂？
2. 萃取剂总量一定的情况下，一次萃取和分几次连续萃取，哪一种效果好？为什么？
3. 如何使用分液漏斗进行萃取操作？
4. 上述实验中加入三氯化铁溶液显示的颜色深浅有何意义？
5. 使用氯仿或甲苯萃取水溶液，萃取剂在上层还是下层？

【注意事项】

1. 分液漏斗的分液操作应放置于铁圈内进行，不可放在手中操作。
2. 分液时应将顶塞打开，否则可能会因压力问题导致分液漏斗下口液体无法流出。
3. 分液漏斗使用前应进行检漏，使用后需洗净，不可将活塞上涂有凡士林的分液漏斗放于烘箱烘干。

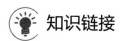

知识链接

推进健康中国建设，把保障人民健康放在优先发展的战略位置，其中之一就是要促进中医药的传承创新发展。中国是中草药大国，中草药提取物大量应用于药品、食品、化妆品、保健用品等领域。如由鱼腥草、黄芩、板蓝根等组成的复方鱼腥草合剂具有解热、抗炎、镇痛作用；杭白菊提取物含没食子儿茶素、芹菜素、迷迭香酸等，具有很强的抗氧化活性，常用于功能性食品的开发和生产中；何首乌提取物添加在洗发护发产品中可起到黑发和润发的功效；人参、银耳、黄精、葛根等提取物则通常用于保健产品的生产与制造中。为阐明中药的药效物质基础、探究中药防治疾病的基本原理、改进剂型提高疗效、开发新药，提升其防病治病能力，需要对中药的有效成分进行提取、分析。中草药的有效成分提取通常有多种方法，传统的有煎煮法（以水为溶剂，对脂溶性成分提取不全）、浸渍法（以水或稀醇为溶剂，提取时间长，效率差）、渗滤法（通过溶剂自上而下流动将成分浸出，效率高于浸渍法）、回流法（以有机溶剂为提取剂，加热回流，提取效率高，含受热易分解成分不适用）及索氏提取法（连续回流提取，效率高，节省溶剂，但提取时间长，提取样品少）等。除此之外，目前还发展一些新型的提取方法，如超临界流体萃取，以超临界流体为萃取剂，具有较高的溶解能力，较好的流动性、传导性及平衡性。超临界流体萃取提取率高，提取物中有效成分含量也高。此外，该技术设计流程简单，需求能量低，特别适合不稳定且易氧化的挥发性成分及脂溶性成分的分离提取。

任务7 重结晶

任务目标

知识目标：
1. 掌握饱和溶液配制、减压抽滤、趁热过滤、冷却结晶的方法。
2. 熟悉重结晶的原理与方法。
3. 了解重结晶的意义。

能力目标：
1. 能正确进行饱和溶液配制、减压抽滤、趁热过滤及冷却结晶。
2. 能正确选择重结晶所需溶剂及确定所需使用量。
3. 能通过测定的熔点判断产物纯度。

素质目标：
1. 培养学生的观察能力、分析问题解决问题的能力。
2. 培养学生的团队意识与协作精神。

实验原理

重结晶是有机实验室中提纯固体化合物常用的手段之一。

固体有机化合物在溶剂中的溶解度，通常随温度升高而增大。若将有机物在高温时溶于某溶剂配制成饱和溶液，然后将其冷却至室温或室温以下，即有晶体析出。利用溶剂对待提纯物及杂质的溶解能力的差异，使杂质全部或大部分留于溶液中或通过过滤除去，达到提纯的目的。重结晶通常适用于杂质含量小于5%的固体有机物提纯，杂质过多通常难以结晶，一般需先用其他方法如萃取、水蒸气蒸馏等进行初步提纯，使杂质含量降低后再用重结晶法进行分离提纯。通常重结晶包含加热溶解、趁热过滤、冷却结晶等阶段。

加热溶解阶段，需配制热的饱和溶液，溶剂的选择非常关键。通常恰当的溶剂须具备以下条件：

① 不与待提纯物发生化学反应。

② 待提纯物在溶剂中的溶解度随温度升高而增大，在常温或低温下溶解度很小或不溶；杂质在溶剂中的溶解度应满足非常大或非常小的要求。

③ 溶剂的沸点适当，具有一定挥发性，易与待提纯物分离。

④ 可得到较好的晶型。

⑤ 毒性小、价格便宜、易回收、操作简便安全。

选择溶剂的具体方法为：取约0.1g待重结晶固体于小试管中，向其中逐滴加入溶剂，不断振摇。若加入1mL溶剂可将固体全部或绝大部分溶解，则该溶剂对固体的溶解度太大，不宜选用；若大部分不溶或基本不溶，可将固液混合物加热至沸腾，若仍不溶，可继续加入溶剂，每次0.5mL，并加热至沸腾。若加至4mL固体仍不溶解，则该溶剂对固体的溶解度太小，不宜选用；若该固体能溶于1～4mL沸腾溶剂中，让试管自行冷却，使晶体析出，若不能自行析出，可用玻璃棒伸入溶液内部摩擦容器内壁，或用冰水等冷却，促使结晶析出。倘若结晶无法析出，则该溶剂也不适用。如可析出结晶，还需注意晶体的晶型与数量。无法选择到合适的单一溶剂时，往往还可选用可互溶的混合溶剂（待提纯物易溶于其中之一溶剂而难溶于另一溶剂），常用的混合溶剂有乙醇-水、丙酮-水、乙酸-水、丙酮-石油醚等。

当待提纯物含有色杂质时，还需进行脱色处理。在水溶液或极性有机溶剂中，常用活性炭脱色，其用量通常为待提纯物干重的1%～5%，方法为：将溶液加热至沸后稍冷，加入活性炭后再煮沸5～10min，若一次脱色不彻底，可继续用活性炭脱色。在非极性溶剂中，可使用氧化铝脱色。

脱色处理过后的溶液，应趁热过滤以除去不溶性的杂质及吸附有色杂质的活性炭。趁热过滤应尽量在保温状态下进行，以防溶液冷却晶体析出带来损失。趁热过滤常使用的设备有三角玻璃漏斗、抽滤装置等，通常在过滤前，需对玻璃漏斗、布氏漏斗等进行保温处理（放于烘箱或热水中加热），同时所用滤纸过滤前也需用热溶剂润湿。三角玻璃漏斗中常使用菊花形滤纸，布氏漏斗中则使用外径略小于漏斗内径的滤纸即可。趁热过滤应快速进行，若滤纸上析出的晶体过多，可将其重新加热溶解后再趁热过滤。

将趁热过滤后的滤液静置，于室温下冷却使其结晶，不要将其放于冷水中迅速冷却或在冷却过程中进行搅拌，以免造成析晶过细、结晶吸附母液且易夹有杂质；但也不能使结晶过大，以免晶体中包藏溶液或杂质。冷却结晶

数字资源2-5
重结晶视频

阶段有时不易析出结晶，可采用玻璃棒缓慢摩擦容器内壁、加入少量晶种或置于更冷的环境中辅助结晶。

【仪器和试剂】

仪器：烧杯、玻璃棒、布氏漏斗、抽滤瓶、循环水真空泵、电炉、电子秤、表面皿、烘箱、熔点测定仪。

试剂：乙酰苯胺粗品、活性炭、水。

【实验步骤】

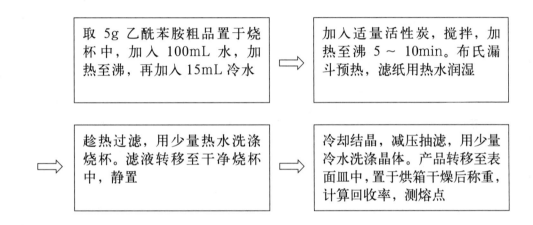

取 5g 乙酰苯胺粗品置于烧杯中，加入 100mL 水，加热至沸，再加入 15mL 冷水 ⇒ 加入适量活性炭，搅拌，加热至沸 5～10min。布氏漏斗预热，滤纸用热水润湿 ⇒ 趁热过滤，用少量热水洗涤烧杯。滤液转移至干净烧杯中，静置 ⇒ 冷却结晶，减压抽滤，用少量冷水洗涤晶体。产品转移至表面皿中，置于烘箱干燥后称重，计算回收率，测熔点

【数据记录与处理】

实验数据表格：

试剂（或产品）	
乙酰苯胺粗品的质量/g	
水的体积/mL	
活性炭的质量/g	
乙酰苯胺纯品的质量/g	
熔点/℃	
回收率/%	

【问题思考】

1.使用活性炭脱色时，应注意哪些问题？

2. 趁热过滤应如何操作才能尽可能避免产品损失？

3. 重结晶操作通常包含哪些步骤？其目的为何？

4. 重结晶实验如何选择合适的溶剂？

【注意事项】

1. 加热时注意要避免溶剂蒸发过多，以免影响待提纯物溶解。

2. 不可向沸腾的溶液中加入活性炭，否则极易引发暴沸。

3. 若使用低沸点溶剂进行重结晶时，不可直接用电炉加热，而是应使用水浴等安全的方式进行加热。

4. 加热溶解过程中出现油状物，可向溶液中再补加部分溶剂并进行搅拌。

任务8　薄层色谱

 任务目标

知识目标：

1. 掌握薄层板的制备及薄层色谱的操作方法。

2. 熟悉薄层色谱分离的原理。

3. 了解薄层色谱的应用。

能力目标：

1. 能正确制作薄层板及活化。

2. 能正确选择展开剂。

3. 能利用薄层色谱进行分离。

素质目标：

1. 培养学生的创新意识与创新能力。

2. 培养学生树立环境保护意识与绿色环保理念。

实验原理

薄层色谱（thin layer chromatography，TLC），又称为薄层层析，属于固-液吸附

色谱。薄层色谱主要用于分离混合物、鉴定混合物组成、跟踪化学反应进程及辅助寻找柱色谱最佳分离条件等，其工作原理为：混合物中各组分在吸附剂（固定相）上的吸附能力不同，当展开剂（流动相）流经吸附剂时，发生吸附-解吸现象，对吸附剂吸附能力弱的组分随流动相向前移动速度快，对吸附剂吸附能力强的组分则随流动相向前移动的速度慢，利用混合物中各组分在吸附剂上的移动速度差异，最终使其在吸附剂薄层上得以分离。

薄层色谱兼具纸色谱与柱色谱的特征，分离效果好，是一种微量、快速、灵敏的色谱分离方法，通常可用于分离0.01～500mg的样品。薄层色谱需使用薄层板，它是将吸附剂固定在载玻片或铝箔上制备而得的。

（一）吸附剂的选择

薄层色谱中最常用的吸附剂是硅胶与氧化铝细粉。其常有如下类型：

① 不含黏合剂，用H表示。
② 含黏合剂（如$CaSO_4 \cdot 1/2H_2O$等），用G表示。
③ 含荧光物质，常用于波长254nm下观察荧光物质的分离，用HF254表示。
④ 同时含有黏合剂与荧光物质，用GF254表示。

黏合剂常用熟石膏，与水作用或吸潮后变为生石膏（$CaSO_4 \cdot 2H_2O$），可使吸附剂粘在一起与薄层板基质相黏合。除熟石膏外，还可用淀粉或羧甲基纤维素钠（CMC-Na）作为黏合剂，其中以CMC-Na的效果最好。通常先将羧甲基纤维素钠溶于蒸馏水配成0.5%～1.0%的溶液，然后用3号砂芯漏斗滤去不溶物得澄清溶液备用。未加黏合剂的薄层板称为软板，添加有黏合剂的薄层板称为硬板。

（二）薄层板制备

制备前，需先将吸附剂调成糊状，常用溶剂有氯仿或水等。氯仿沸点低，不需将制好的板放烘箱烘干；氯仿不会使吸附剂中的熟石膏凝结，涂料存放时间长；缺点是黏结力差，溶剂具有一定毒性。以水为溶剂，可使熟石膏快速凝固，所得板结实，水无毒且价廉易得；缺点是以水制得的涂料需立即使用，否则会形成团块以致无法使用，且制得的板晾干后需置于烘箱中加热活化。

1. 涂料制备

称取3g硅胶G，加入6mL蒸馏水，或称取3g氧化铝G，加入3mL蒸馏水，立即调成糊状备用。

2. 涂板

可以采用倾注法与平铺法进行涂料制板。

（1）倾注法：将调制好的涂料倒在干净的载玻片上，用手轻摇，使涂料在载玻片上分布均匀、平整。

（2）平铺法：通常使用薄层涂布器进行制板，薄层涂布器的结构如图2-15所示。将洁净的载玻片平置在薄层涂布器中，在载玻片的上、下端分别夹一条比载玻片厚0.25～1mm的玻璃夹板，在薄层涂布器的槽中倒入调制好的涂料，左右推动涂布器，即可制得厚度均匀的薄层板，若无薄层涂布器，也可用钢尺将载玻片表面的涂料刮平。

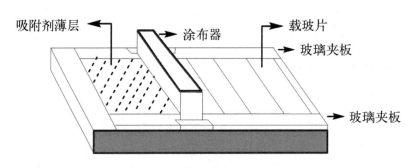

图2-15　薄层涂布器示意图

3. 活化

薄层板的性能与含水量有关，含水量越低，活性越高，故将涂制好的薄层板置于室温晾干后，需进行烘干活化。硅胶板一般需在烘箱中逐渐升温，于105～110℃下活化30min左右；氧化铝板在不同温度下活化，可得不同活性级别的薄层板，通常在200℃烘干4h可得Ⅰ级薄层板，在105～160℃烘干4h可得Ⅱ～Ⅳ级薄层板。制备好的薄层板如图2-16（a）所示。

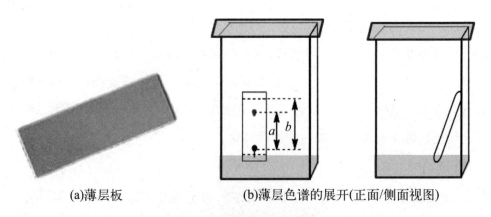

(a)薄层板　　　(b)薄层色谱的展开(正面/侧面视图)

图2-16　薄层板及其展开

（三）样品分离

1.点样

将样品溶于低沸点溶剂如乙醇、丙酮、乙醚等中，配成约1%浓度的溶液，将毛细管插入溶液中取样，轻点在距薄层板一端约1～2cm处，斑点直径约1～2mm，若点样斑点过小，可待溶剂挥发后重复点样。用铅笔标记斑点位置，晾干备用。

2.展开

展开剂的极性越大，对化合物的洗脱力也越大。通常可根据样品的极性、展开剂的溶解性及吸附剂的活性等因素选择展开剂。展开剂的选择更多是采用实验的方法确定。若所选展开剂使各组分都到达了溶剂前沿，则该展开剂极性过大；若所用展开剂使各组分移动缓慢，甚至停留在原点，则该展开剂极性过小。当一种溶剂不能很好地展开各组分时，通常采用混合溶剂作展开剂，方法是先用极性小的作基础展开剂，再向其中加极性大的溶剂调整极性，直至选出合适的展开剂。

将薄层板倾斜放入盛有展开剂的展缸内，浸入深度约5mm，以不浸没至点样斑点为准[图2-16（b）]，当展开剂前沿爬升至距薄层板顶端1cm左右时，将薄层板取出，干燥。除带有色斑不必显色外，其余可喷显色剂或在紫外灯下显色。主斑点中心距原点中心的距离记为a，展开剂前沿距原点中心的距离记为b，两者之比为比移值（R_f）：

$$R_f = \frac{a}{b}$$

当实验条件相对固定时，每种化合物在选定的固定相与流动相体系中的比移值也是固定的，故可将其作为定性分析的依据。由于比移值的影响因素很多，实际鉴定时，常需使用标准试剂作为对照品。

【仪器和试剂】

仪器：研钵、载玻片、药匙、烘箱、展缸、直尺、毛细管等。

试剂：硅胶H（200目）、羧甲基纤维素钠、蒸馏水、1%偶氮苯的1,2-二氯乙烷溶液、1%邻硝基苯胺的1,2-二氯乙烷溶液、混合液（1%偶氮苯与1%邻硝基苯胺）、展开剂（乙酸乙酯与石油醚体积比为1∶1的混合液）等。

【实验步骤】

称取 1g CMC-Na 置于烧瓶中，加入 100mL 蒸馏水，加入沸石，加热回流至溶解后抽滤 ⇒ 称取适量硅胶 H 于研钵中，按 1g∶3mL 加入前述滤液，立即研磨成均匀糊状

⇒ 将洁净载玻片水平置于实验台上，每片上放 1 勺糊状物，迅速摊布均匀，3～5min 内完成铺制 ⇒ 晾干后置于烘箱中，110～120℃ 活化 30min，冷却后取出

⇒ 在每块薄层板距一端约 1cm 处用铅笔画一横线作为起始线，横线上用毛细管点样 3 个样品，间距至少 1cm ⇒ 向展缸中加入展开剂，深度约 5mm，将薄层板放入展缸，盖上缸盖

⇒ 溶剂前沿爬升至距板顶端约 1cm 时取出薄层板，立即用铅笔标出溶剂前沿。依次展开各板 ⇒ 根据各板标记的线计算各样点的 R_f 值，判断混合样点中的各组分，比较 R_f 值大小

【数据记录与处理】

实验数据表格：

项目1	项目2	R_f	
		偶氮苯	邻硝基苯胺
CMC-Na 的质量 /g	板 1		
水的体积 /mL	板 2		
硅胶 H 的质量 /g	板 3		
活化温度 /℃	板 4		
活化时间 /min	板 5		

【问题思考】

1. 点样时,若将点样斑点浸入展开剂中会对结果有何影响?
2. 如何选择薄层色谱的展开剂?
3. 薄层板的硅胶一般需要铺多厚,铺得过厚对分离效果有何影响?

【注意事项】

1. 铺板时若铺得不均匀,可以用手轻敲载玻片的一侧,使涂料流动均匀,一般不再加入涂料,否则易造成涂层局部过厚。
2. 经过活化的薄层板应放入干燥器内或用密封袋密封后备用。
3. 点样时应避免戳破薄层板板面,展开时,切记不要让展开剂前沿超过底线,否则无法求取比移值,也可能对判断混合物中各组分在板上的相对位置带来困难。

知识链接

氧化铝薄层板的活性通常可通过如下方法进行判定:在50mL无水四氯化碳溶剂中溶解偶氮苯30mg,对甲氧基偶氮苯、苏丹黄、苏丹红、对氨基偶氮苯各20mg,取0.02mL该溶液加于氧化铝薄层板上,以无水四氯化碳为展开剂,计算各染料的比移值,参照表2-2确定板的活性级别。硅胶薄层板的活性判断方法为:1mL氯仿中溶解对二甲氨基偶氮苯、靛酚蓝及苏丹红各10mg,将此混合物点于待测薄层板上,以正己烷-乙酸乙酯(体积比为9:1)为展开剂,若可将三种染料分开且比移值的大小符合对二甲氨基偶氮苯>靛酚蓝>苏丹红,则该硅胶薄层板的活性大致与Ⅱ级氧化铝薄层板的活性相当。

表2-2 氧化铝薄层板活性级别与各染料比移值关系表

偶氮染料	勃劳克曼活性级别的R_f值			
	Ⅱ级	Ⅲ级	Ⅳ级	Ⅴ级
偶氮苯	0.59	0.74	0.85	0.95
对甲氧基偶氮苯	0.16	0.49	0.69	0.69
苏丹黄	0.01	0.25	0.57	0.78
苏丹红	0.00	0.10	0.33	0.56
对氨基偶氮苯	0.00	0.03	0.08	0.19

任务9　折射率的测定

任务目标

知识目标：
1. 掌握折射率测定的基本方法。
2. 熟悉折射率测定的基本原理。
3. 了解折射率测定的应用及折光仪的构造。

能力目标：
1. 能正确操作折光仪。
2. 能利用折光仪测定折射率。
3. 能利用折射率鉴定或判断化合物基本情况。

素质目标：
1. 培养学生科学的探究精神与分析问题解决问题的能力。
2. 培养学生主动学习、自主学习的能力。

实验原理

光在不同介质中的传播速度是不同的。当光从一个介质进入另一个介质，若其传播方向与两介质界面不垂直时，就会发生折射现象，折射角随介质密度、分子结构、光的波长及温度的变化而变化。根据斯内尔定律，折射率可表示为：

$$n = \frac{\sin\alpha}{\sin\beta}$$

式中，α 为入射角；β 为折射角。

当光由光密介质射向光疏介质时，其折射角 β 大于入射角 α，如图2-17（a）所示；当增大入射角至 α_0 时，此时折射角为90°，达到最大，此时折射光沿界面方向传播，如图2-17（b）所示；继续增大入射角，当 $\alpha > \alpha_0$ 时，此时光线不能进入光疏介质，而是从界面反射，这种现象称为全反射，如图2-17（c）所示。α_0 称为临界角，通过测定临界角可算出折射率。

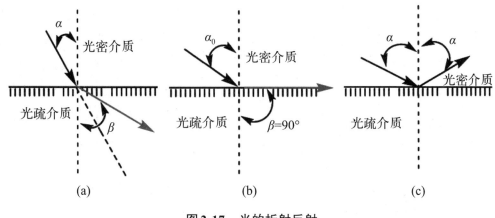

图 2-17 光的折射反射

（一）阿贝折光仪

数字阿贝折光仪是实验室中测定液体或固体折射率常用的仪器，是基于光的折射与临界角的基本原理设计而成的，其基本构造如图 2-18 所示。

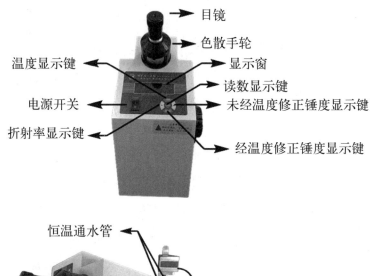

图 2-18 数字阿贝折光仪

数字阿贝折光仪主要由目镜部件、色散部件、折射棱镜部件、光源及角度-数字转换部件等构成。其折射棱镜部件由进光棱镜与折射棱镜构成，当两块棱镜叠合时，放入两镜面间的待测液散布成一液膜，光由进光棱镜进入时，光在磨玻璃表面发生漫反射，使其以不同入射角进入液膜层，然后到达折射棱镜，一部分光透过折射棱镜发生折射，另一部分则发生全反射。进入折射棱镜的折射光线可由目镜系统观察到界线或彩色光带，若出现彩色光带，调节色散手轮，使视野中明暗两部分有良好的反差及明暗分界线有最小的色散。旋转调节手轮，棱镜随其一起旋转，当调节到目镜中出现图2-19（a）所示画面时，此时的折射角正好是该液体的临界角。由角度-数字转换部件将角度置换成数字进行数据处理并显示，即可得到测定样品的折射率。

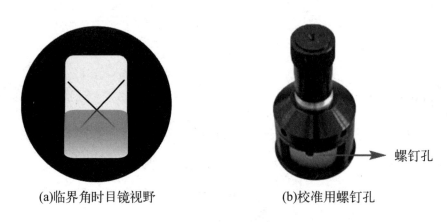

(a)临界角时目镜视野　　　(b)校准用螺钉孔

图2-19　临界角时目镜视野及仪器校准位置图

（二）测定方法

1. 仪器校准

仪器应定期进行校准，或当测定数据存疑时，也应进行校准。校准可用蒸馏水或玻璃标准块进行。用蒸馏水（折射率见附录9）校准时，将1～2滴蒸馏水滴于折射棱镜上；用玻璃标准块校准时，将1滴1-溴代萘滴于折射棱镜上，并将玻璃标准块黏附其上。测定的数据与标准值有误差时，用钟表螺丝刀通过色散校正手轮中的螺钉孔[图2-19（b）]，小心旋转里面的螺钉，使分划板上交叉线上下移动，然后进行测量，直至测数符合要求。

2. 测定样品折射率

① 按下"POWER"电源键，显示窗显示"00000"。

② 打开折射棱镜部件，移去擦镜纸，用水或酒精清洁玻璃表面，将待测样品放置在折射棱镜的工作表面上。如样品为液体，用滴管滴1～2滴于折射棱镜的工作表面上，合上进光棱镜；如样品为固体，则固体需有一经抛光加工的平整表面，测量前，将该抛光面擦净，在折射棱镜工作表面上滴1～2滴折射率比固体样品折射率高的透明液体（如溴代萘），然后将固体抛光面放置于折射棱镜上，使其接触良好，此时不

需合上进光棱镜。

③ 旋转聚光照明部件的摇臂和聚光镜筒，使进光棱镜的进光表面或固体样品前的进光表面得到均匀照亮。

④ 通过目镜观察视场，旋转调节手轮，使明暗分界线落在交叉视场中。若目镜视场是暗色的，可逆时针旋转调节手轮；若目镜视场是明亮的，可顺时针旋转调节手轮。在明亮视场情景下，旋转目镜，调节视度，看清晰交叉线。

⑤ 调节色散手轮，同时调节聚光镜（筒）位置，使视场中出现清晰的明暗分界线，旋转调节手轮，使明暗分界线对准交叉线的交点。

⑥ 按"READ"键，显示窗中"00000"消失，显示待测样品折射率，如需知道该样品锤度值，可按"BX"或"BX-TC"键，按"TEMP"键，可显示待测样品的测定温度。

⑦ 使用完毕后，必须用酒精或水（样品为糖溶液）进行清洁。

⑧ 在折射棱镜部位有恒温通水管结构，若需测定样品在特定温度下的折射率，可在此外接恒温器。

3. 折光仪的维护保养

① 仪器应放置在干燥、空气流通及温度适宜的场所，以免光学部件受潮发霉。

② 搬移仪器时，应用手托住仪器底部，不可提握聚光照明部件的摇臂等部位，以免损坏仪器。

③ 仪器使用前后以及更换待测样品时，必须清洗折射棱镜部位的工作表面。

④ 避免对仪器强烈摇动、振动或撞击，防止光学零件震碎、松动，从而影响测定精度。

⑤ 仪器不使用时，应用塑料罩将其罩上或将仪器放入箱内。

折射率是物质重要的物理常数，不仅可用于判断物质的纯度，还可用于鉴定未知化合物。折射率随入射光线波长的不同而改变，也随测定温度的不同而改变，一般温度每升高1℃，液体化合物折射率降低0.00035～0.00055，故折射率测定通常需注明光线波长及测定温度，常用n_D^t表示，D表示钠光的D线（589nm）。折光仪的测定范围通常为1.3000～1.7000。

【仪器和试剂】

仪器：阿贝折光仪、擦镜纸、滴管等。

试剂：蒸馏水、乙醇、丙酮、环己酮、乙酸乙酯等。

【实验步骤】

使用蒸馏水对阿贝折光仪进行校准，重复两次测定，取平均值与标准值比对，进行校准 ⇒ 擦镜纸擦干后用滴管滴 1~2 滴待测液于折射棱镜工作表面，按步骤测量，重复 2~3 次 ⇒ 测定完成后，用酒精清洗折射棱镜工作表面 ⇒ 测量一个样品完毕后，清洗折射棱镜工作表面，擦镜纸擦干后继续测定其他样品

【数据记录与处理】

实验数据表格：

试剂（或产品）	折射率	平均值
丙酮		
环己酮		
乙酸乙酯		

【问题思考】

1. 测定过程中如何保护折射棱镜工作表面？
2. 折射率测定时，哪些因素会影响测定结果？
3. 为什么有机液体的折射率通常都不会小于 1？
4. 如何对折光仪进行校准？
5. 若折光仪两棱镜间没有液体或液体已挥发，可否观察到临界折射现象？

【注意事项】

1. 不能用手接触折光仪的折射棱镜部位，在滴加液体样品时，滴管不要碰到折射棱镜工作表面，液体样品中也不要有固体颗粒。

2. 若在目镜中看不到半明半暗的视场，而是看到畸形的形状，可能是因为折射棱镜工作表面未铺满液体；若样品的折射率不在 1.3000~1.7000 之间，阿贝折光仪也无法进行测定。

3. 在测定过程中避免腐蚀性液体、强酸、强碱及氟化物等的使用，以免损坏仪器。

任务10 旋光度的测定

任务目标

知识目标：

1. 掌握旋光度的测定方法。
2. 熟悉旋光度的测定原理。
3. 了解旋光度测定的意义及旋光仪的结构。

能力目标：

1. 能正确操作旋光仪。
2. 能利用旋光仪测定旋光度。
3. 能利用旋光度计算比旋光度及浓度。

素质目标：

1. 培养学生科学的探究精神与分析问题解决问题的能力。
2. 培养学生主动学习、自主学习的能力。

实验原理

手性化合物具有能使偏振光的偏振面发生偏转的能力，所以手性分子都具有旋光性，故被称为旋光性物质。偏振光偏振面发生偏转的角度，称为旋光度，用 α 表示。手性化合物的结构不同，使偏振面发生偏转的能力也不同，故可用旋光度鉴定手性化合物。

旋光度可用旋光仪进行测定，常用的圆盘旋光仪的结构如图 2-20 所示。

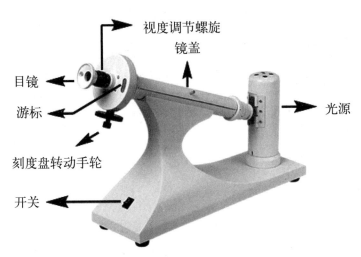

图 2-20　圆盘旋光仪构造

旋光仪通常由光源、起偏镜、样品管及检偏镜等部分构成。光源通常采用钠光灯，钠光灯发出的光经过起偏镜（固定式尼科尔棱镜）后，成为平面偏振光，若样品管中盛放有旋光性物质，偏振光经过样品管后，物质的旋光性使偏振光的偏振面发生偏转，偏转后的偏振光无法通过检偏镜（活动式尼科尔棱镜），必须将检偏镜旋转一定的角度，才能使光线通过。因此，需调节检偏镜进行配光，刻度盘上旋转的角度，反映了检偏镜的转动角度，即为手性化合物在该浓度下的旋光度，其工作原理如图2-21所示。

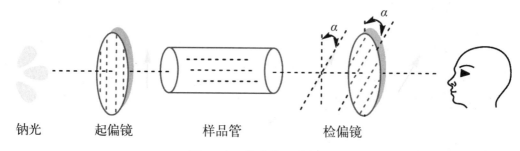

钠光　　起偏镜　　样品管　　检偏镜

图 2-21　旋光仪工作原理

当起偏镜与检偏镜主截面互相垂直或平行时，视野是漆黑或明亮的，除此之外，偏振光部分透过检偏镜，视野为半明半暗。若两镜间放置样品管，偏振光透过样品管后振动方向发生改变，从目镜中可观察到一定的光，此时若将检偏镜旋转一定角度，则视野又会重新变漆黑或明亮，此时检偏镜旋转的角度即为旋光度，由于肉眼判断漆黑或明亮的视野误差大，为精确确定旋光度，一般采用三分视野法。在起偏镜与样品管间放置一具有旋光性的石英片，宽度约为视野的1/3，从石英片中透过的偏振光又被旋转一定的角度，故经检偏镜后在目镜中出现了三分视野，如图2-22所示。

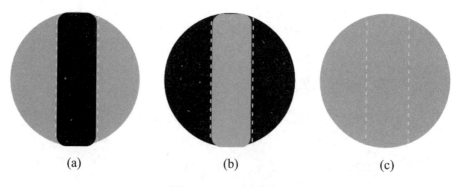

(a)　　　　　　(b)　　　　　　(c)

图 2-22　三分视野图

当检偏镜的透振方向与透过石英片的偏振光振动方向垂直时，出现中间黑两边亮的视场，如图2-22（a）所示；当检偏镜的透振方向与起偏镜的透振方向垂直时，出现中间亮两边黑的视场，如图2-22（b）所示；当检偏镜的透振方向与起偏镜及石英片夹角相等时，可得三部分亮度一致的均匀视场，又称为零度视场。将这一位置作为零度，使游标上的0对准刻度盘上的0。测定样品旋光度时，将图（a）与（b）的视野作为参比视野，首先调出图（a）或（b），然后转动检偏镜手轮，按顺时针或逆时针方向旋转一小的角度，便会出现图（c）的视野，此时即可结合刻度盘与游标读数得出旋光度的值。

读数时，先找到游标的0对应在刻度盘上的整数值，再根据游标与刻度盘的重合线读出游标上的小数值，如图2-23所示。

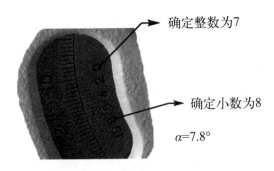

图2-23 圆盘旋光仪的读数

旋光度的大小受测定时溶液的浓度、样品管的长度、测定温度、入射光波长及溶剂性质等因素的影响。通常用比旋光度$[\alpha]_\lambda^t$表示化合物的旋光度，t为测定时的温度，λ为入射光波长，采用钠光作光源时，通常用D表示，比旋光度与旋光度的关系为：

$$[\alpha]_\lambda^t = \frac{\alpha}{cl}$$

式中，α为旋光仪测定的旋光度；l为样品管长度，dm；c为溶液浓度，$g \cdot mL^{-1}$，若为纯液体，则用密度代替。

一次测定的α值，通常无法判断其是右旋或是左旋，一般至少应做两个不同浓度或不同管长的测定，才可确定旋光度的真实值。如某样品以2dm样品管测定时读数为+60°，由于刻度盘也可以逆时针方向转动120°得此读数，故α也可能为-120°；此时可以1dm样品管再次测定，根据其值判断正确的读数。

比旋光度是手性化合物重要的物理常数，通过旋光度的测定，可以检测旋光性化合物的含量及纯度。很多旋光性化合物的比旋光度可从手册中查出，故只需测定其溶液的旋光度，就可计算出该溶液的浓度，通常可用于反应的过程控制。

【仪器和试剂】

仪器：圆盘旋光仪、容量瓶、电子秤。

试剂：葡萄糖、未知浓度的葡萄糖水溶液、蒸馏水。

【实验步骤】

1. 零点校正

样品管直立，加入蒸馏水，使液面凸出管口，将盖片沿管口平推，不能带入气泡 ⇒ 旋上管盖，擦干管壁，放入旋光仪，罩上盖子，开启光源，标尺旋在0° ⇒ 旋转调节手轮，使视场内亮度均一，记下读数。重复操作5次，取其均值作为零点

2. 新制葡萄糖溶液的变旋现象

配制10%葡萄糖水溶液，装入样品管，分别于0min、5min、10min、20min、30min、60min时测定旋光度 ⇒ 以时间为横坐标、旋光度为纵坐标绘图，了解还原糖的变旋现象

3. 比旋光度的测定

测定变旋已达平衡的10%葡萄糖水溶液的旋光度，读数与零点间的差值即为旋光度 ⇒ 根据样品管的长度、溶液的浓度，计算其比旋光度值

4. 未知糖溶液浓度测定

将未知浓度的葡萄糖水溶液放入样品管，测定其旋光度，并计算浓度 ⇒ 实验完毕，洗净样品管，再用蒸馏水洗净，晾干存放

【数据记录与处理】

实验数据表格：

实验项目	旋光度						浓度
零点							
10%葡萄糖变旋	0	5	10	20	30	60	
平衡时10%葡萄糖							
未知浓度葡萄糖							

【问题思考】

1. 简述圆盘旋光仪的测定原理。

2. 测定某旋光性化合物旋光度值时旋光仪显示为+30°，如何确定其旋光度为+30°而不是–330°或+390°？

3. 测定过程中，若光源通过的部分含有气泡，对结果有何影响？

4. 为什么在测定旋光度前通常要进行零点的校正？

【注意事项】

1. 样品管中不能有大气泡，部分小气泡可以将其移至样品管中凸起的部分，使其不影响测定。

2. 样品管的管盖不能旋转过紧，只要不漏液即可，否则可能因旋转过紧产生扭力，使管内产生空隙，或因玻片受力，产生假旋光。

3. 旋光度的值与温度相关，用钠光充当光源时，温度每升高1℃，多数旋光性化合物的旋光度约减少0.3%。若需较高的测定精度，需在恒温下进行测量。

知识链接

食品、药品的质量安全，直接关系到人民健康。针对食品、药品质量的评估，有效成分的相关特性及含量是其中重要的一项内容。旋光定量法是利用旋光仪测定旋光度，并通过计算得到待测物浓度或含量的一种定量方法，广泛用于食品、药品等行业中。如GB 5009.43—2016《食品安全国家标准 味精中麸氨酸钠（谷氨酸钠）的测定》、GB/T 35887—2018《白砂糖试验方法》等中，均使用了旋光定量法测定待测物的浓度；在《中国药典》中，具有旋光性的药物，其"性状"栏下，一般都收录"比旋度"检验项目，如胆固醇（比旋度为–34°～–38°）、阿司帕坦（比旋度为+14.5°～+16.5°）、dl-酒石酸（比旋度为–0.10°～+0.10°）、乳糖（比旋度为+54.4°～+55.9°）等；也可利用该法测定分析有效含量，如利用通则0621测定葡萄糖注射液、右旋糖酐氯化钠注射液等。

任务11　红外光谱

任务目标

知识目标：

1. 掌握溴化钾压片法制备固体样品的方法。
2. 掌握红外光谱的操作方法。
3. 了解红外光谱的基本原理。

能力目标：

1. 能正确进行固体样品制作。
2. 能正确操作红外光谱仪。
3. 能对红外光谱进行解析。

素质目标：

1. 培养学生树立良好的科学素养与求真务实的实践作风。
2. 培养学生分析问题、解决问题的能力。

实验原理

光是一种电磁波，具有波长及频率两个特征，其中红外光是指波长在可见光区与微波区之间的电磁波，其波长范围为0.75～1000μm，其中波长在750～2500nm的为近红外区，波长在2500～25000nm的为中红外区，波长大于25000nm的为远红外区。红外光照射样品时，可引起化合物中成键原子的振动能级产生跃迁，由此测得的光谱称为红外吸收光谱，简称红外光谱（IR）。有机物都可吸收红外光，因此红外光谱应用广泛，其主要用途为鉴定有机化合物中是否存在某一化学键或官能团。

分子的振动就是构成分子的原子通过化学键而发生的伸缩和弯曲运动,振动形式相应可分为伸缩振动(stretching vibration)和弯曲振动(bending vibration)。伸缩振动(v)是指原子沿化学键键轴方向运动使共价键长短发生变化的振动,仅有键长的长短变化而键角保持不变。弯曲振动是键角发生变化的振动,又称为变形振动,在振动过程中键长保持不变。如甲叉基(—CH_2—)各种振动类型的示意如图2-24所示,图中"+"及"−"表示垂直于纸平面的前后运动方向。

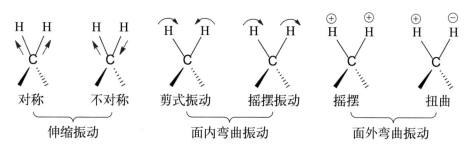

图2-24 甲叉基的振动形式

化合物吸收红外光能量后,分子由低振动能级激发至高振动能级,从而得到红外光谱图。红外光谱图的横坐标通常为波长(λ,nm)或波数(v,波长的倒数,cm^{-1}),代表吸收峰的位置;纵坐标通常为透光率,代表吸收峰强度。红外光谱中的吸收"峰",呈山谷状,"谷"越深,表明透光率越小,吸光度越大。吸收峰的强度与基团的偶极矩相关,通常极性强的分子在吸收红外光后的振动引起的偶极矩变化更大,对应吸收峰的强度更强。

不同化合物的红外光谱中,同一类型化学键或官能团的红外吸收峰总是出现在一定的波数范围内,这些吸收峰称之为该类型化学键或官能团的特征吸收峰。按照吸收的特点,通常将4000~400cm^{-1}红外光谱分为官能团区与指纹区。波数在4000~1500cm^{-1}范围内的吸收峰称为特征区,又称官能团区,该区域具有较明显的特征性,易于辨认;波数在1500~400cm^{-1}范围内的吸收峰称为指纹区,该区域虽然密集、复杂、难辨认,但可反映结构上的微小变化。

(一)红外光谱仪

红外光谱图经由红外光谱仪测定,其工作原理如图2-25所示,其通常由光源、吸收池(包括样品池和参比池)、单色器、检测器及记录显示系统等部分构成。

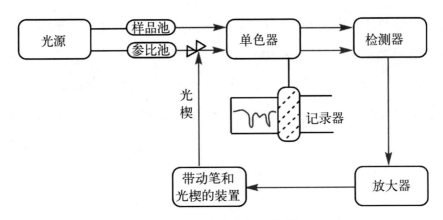

图 2-25　红外光谱仪工作原理

光源发出的红外光线经光束分离器分为两束强度相等的光，一束通过测试样品，一束则透过参比池。两者都通过检测器，检测两束光的差异性，并记录成图，即可得测试样品的红外光谱图，以对乙酰氨基酚的红外光谱图（图2-26）为例。

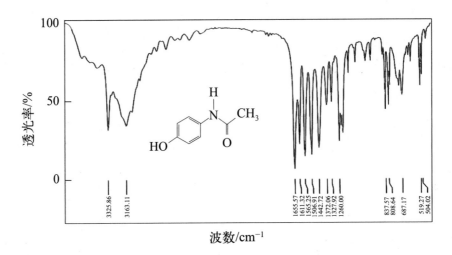

图 2-26　对乙酰氨基酚的红外光谱图

（二）样品制备

红外光谱仪可用于固、液、气体样品的红外光谱图测定。

1.气体样品

样品池窗片所用的碱金属卤化物在红外光区无吸收，故可将气体通入已抽真空的样品池中进行检测。

2.固体样品

固体样品的制备通常有两种方法。压片法是最常用的制备方法，将研磨过的样品与溴化钾粉末混合均匀，将其放入压片机内压制成透明薄片即可；另一种是油糊法，首先将样品与石蜡油或氟油等红外吸收简单的物质混合成糊状,再将糊状物夹在盐板间形成半透明液膜进行测定。

3.液体样品

液体样品的制备一般使用液膜法。将样品滴于一块抛光盐片上,并用另一块抛光盐片覆盖,以形成无气泡的液膜,进行测定。挥发性较强的液体测定时,应使用密封池。

【仪器和试剂】

仪器:红外光谱仪、压片机、红外灯、研钵等。

试剂:乙酰苯胺、苯甲酸、溴化钾等。

【实验步骤】

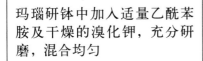

【数据记录与处理】

实验数据表格:

试剂	波数/cm^{-1} 及特征峰的归属
乙酰苯胺	
苯甲酸	

【问题思考】

1.在制作固体样品时,为什么通常可选择溴化钾作为介质?

2.红外光谱法测定气体样品时应如何操作?

3.红外光谱测定时对样品有何要求?

【注意事项】

  1.溴化钾在使用之前,应使用红外灯进行干燥。

  2.红外光谱仪应存放在干燥的环境中,也要保证测定用的试剂的纯度与干燥度。

  3.在使用溴化钾压片时,粉末应尽可能磨细,在压片机上压片时,应使试样片透明且厚度适中。

模块三
有机化合物性质实验

任务12　烃的性质

任务目标

知识目标：
1. 掌握烃类化合物的主要化学性质。
2. 熟悉烃类化合物的鉴别方法。
3. 了解试管反应的基本操作。

能力目标：
1. 能操作烃类化合物的化学反应实验。
2. 能利用化学方法鉴别烃类化合物。

素质目标：
1. 培养学生良好的实验习惯与严谨的实验态度。
2. 培养学生善于观察、勤于思考的能力。

实验原理

烃类化合物指的是分子中仅含碳、氢两种元素的化合物，根据其结构不同，可分为烷烃、烯烃、炔烃、脂环烃、芳香烃等。不同的烃类化合物，其化学性质的表现也各有不同。

（1）烷烃：属于饱和烃，分子中仅含碳氢及碳碳单键，化学性质稳定，在光催化或高温下，可与卤素发生取代反应，在特殊条件下可发生氧化反应，如燃烧、催化氧化等。

（2）烯烃、炔烃：属于不饱和烃，烯烃的官能团为碳碳双键，炔烃的官能团为碳碳叁键，两种官能团中都含有π键，这是一种由p轨道肩并肩重叠形成的稳定性较差的共价键，使得烯烃与炔烃都可发生加成反应与氧化反应，如与卤素单质（若选择溴水或溴的四氯化碳溶液，反应可使溴的红棕色褪去）、卤化氢、水发生的亲电加成；与高锰酸钾发生的氧化反应（反应会使高锰酸钾的紫红色褪去，烯烃中含$CH_2=$及炔烃中含$CH\equiv$时还可生成CO_2）等。末端炔烃还可与银氨溶液或铜氨溶液反应生成白色或红棕色的金属炔化物沉淀，以上反应都可用作烯烃或炔烃的鉴别。

（3）脂环烃：可分为环烷烃、环烯烃及环炔烃。环烷烃除可发生烷烃的类似反应外，小环的环烷烃，特别是环丙烷与环丁烷还可与卤素单质、卤化氢及氢气发生类似于烯烃或炔烃的加成反应（如使用溴水反应，可使溴的红棕色褪去）；环烯烃与环炔烃的化学性质类似于烯烃或炔烃，可发生加成反应及氧化反应等。

（4）芳香烃：以苯为例，在性质上表现为易取代、难氧化、难加成。苯易在特定条件下与卤素单质、混酸、浓硫酸、卤代烃、酰卤等发生亲电取代反应。苯难以被常规氧化剂如高锰酸钾等氧化，当环上侧链存在α-H时，则可被氧化，使高锰酸钾等颜色褪去，可用于鉴别。

【仪器和试剂】

仪器：试管、水浴装置。

试剂：液体石蜡、环己烯、戊-1-炔、乙炔、环己烷、苯、甲苯、萘、0.5%高锰酸钾溶液、10%硫酸、5%氢氧化钠溶液、浓硫酸、浓硝酸、稀硝酸、饱和氯化钠水溶液、3%溴的四氯化碳溶液、5%硝酸银溶液、2%氨水、铁粉等。

【实验步骤】

1.氧化反应

| 六支试管中分别加入液体石蜡、环己烯、戊-1-炔、环己烷、苯、甲苯各0.5mL | | 上述试管中加入0.5%高锰酸钾溶液0.2mL及10%硫酸0.5mL，振荡，观察现象 |

2. 加成反应

| 六支试管中分别加入液体石蜡、环己烯、戊-1-炔、环己烷、苯、甲苯各 0.5mL | | 上述试管中加入 3% 溴的四氯化碳溶液 0.5mL，边加边振摇，观察现象 |

3. 末端炔烃的性质

| 试管中加入 5% 硝酸银溶液 0.5mL 及 1 滴 5% 氢氧化钠溶液，滴加 2% 氨水至沉淀溶解 | | 上述试管中通入乙炔，观察现象。加入稀硝酸，水浴加热，分解前述产物 |

4. 苯的性质

| 试管中加入苯 0.5mL 及 3% 溴的四氯化碳溶液 2 滴，加入少许铁粉 | | 充分振荡，观察现象，若无变化，稍微加热后再观察，并与前述实验对比 |

| 三支试管中分别加入苯、甲苯及环己烷各 0.5mL，再各加入 1mL 浓硫酸，80℃水浴加热，振荡，观察现象 | | 将反应后的混合液分为 2 份，一份加入 10mL 水，另一份加入 10mL 饱和氯化钠水溶液，观察现象 |

| 三支试管中各加入 1mL 浓硝酸与 2mL 浓硫酸，再分别加入 8 滴苯、8 滴环己烷与 50mg 萘，充分振摇 | | 将混合物体系置于微沸的水浴中加热反应 15min，不时地振摇，观察现象 |

【数据记录与处理】

实验结果表格1：

试剂	氧化反应现象	加成反应现象
液体石蜡 环己烯 戊-1-炔 环己烷 苯 甲苯		

实验结果表格2：

试剂	反应现象					
	银氨溶液	Br$_2$/Fe	混酸	浓硫酸	水	食盐水
乙炔 苯 甲苯 环己烷 萘						

【问题思考】

1.不饱和烃类化合物的加成反应，为什么一般选择溴的四氯化碳溶液而不是溴水？

2.具有何种结构的炔烃可以与银氨溶液等生成金属炔化物？

3.苯及甲苯在与高锰酸钾反应时的表现说明了什么问题？

【注意事项】

1.银氨溶液中通入乙炔，立即会生成白色沉淀，但因乙炔气体中含硫化氢等杂质，常会使最终沉淀呈黄色或灰白色。

2.干燥的乙炔银极易爆炸，故实验完毕后应在体系中加入稀硝酸使其分解。

3.硝化反应为剧烈的放热反应，操作时应注意实验安全，硝基苯为黄色油状物，有毒，不可久嗅，实验结束后应回收至指定容器中。

任务13　卤代烃的性质

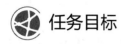 任务目标

知识目标：

1.掌握卤代烃的主要化学性质。

2.熟悉卤代烃的鉴别反应。

能力目标：

1.能正确操作卤代烃的化学反应实验。

2.能利用反应鉴别卤代烃。

素质目标：

1.培养学生善于观察问题、解决问题的能力。

2.培养学生树立绿色环保意识与科学的健康观。

实验原理

烃分子中的氢被卤素取代后形成的化合物为卤代烃。卤代烃中碳卤键的键能较低，容易断裂，使卤代烃易发生亲核取代反应与消除反应，两者互为竞争关系。

本实验主要研究卤代烃的亲核取代反应。卤代烃可与水、醇钠、氰化物、氨及硝酸银醇溶液等发生取代反应，生成醇、醚、腈、胺、硝酸酯等化合物。根据亲核取代反应的控速步参与的分子数，可将亲核取代反应分为单分子亲核取代与双分子亲核取代反应。不同的卤代烃发生亲核取代反应时，在反应速率上，一般有 RI＞RBr＞RCl。伯卤代烃更易发生双分子亲核取代反应，而叔卤代烃则更易发生单分子亲核取代反应。与硝酸银醇溶液反应，除生成硝酸酯外，还得到了卤化银沉淀，此反应可用于卤代烃的鉴别。通常，苄基型、烯丙基型及叔卤代烃与之反应，可立即生成卤化银沉淀；仲卤代烃的活性次之，需等待一段时间才能观察到沉淀产生；伯卤代烃在室温下不反应，需加热才可产生沉淀；卤代烯烃及卤代芳烃即使加热也难以发生该反应。

【仪器和试剂】

仪器：试管、水浴加热装置。

试剂：1-氯丁烷、1-溴丁烷、1-碘丁烷、2-氯丁烷、2-氯-2-甲基丙烷、氯苯、氯化苄、饱和硝酸银乙醇溶液、5%氢氧化钠溶液、15%碘化钠丙酮溶液、硝酸（$1\,mol\cdot L^{-1}$）。

【实验步骤】

1.卤代烃鉴别反应

取六支试管，各加入 3 滴 1-氯丁烷、1-溴丁烷、1-碘丁烷、2-氯丁烷、氯苯及氯化苄 ⇒ 各加入 1mL 饱和硝酸银乙醇溶液，边加边振荡，观察实验现象

⇒ 约 5min 后，水浴加热没出现沉淀的试管至微沸，观察实验现象并解释

2. 卤代烃水解反应

取三支试管，各加入 10 滴 1-氯丁烷、2-氯丁烷、2-氯-2-甲基丙烷，再各加入 5% 氢氧化钠溶液 1mL，振荡、静置 取水层，滴加同体积的硝酸，加入饱和硝酸银乙醇溶液，观察现象，无沉淀的可在水浴中加热，观察现象

3. 卤素交换反应

四支干燥试管中分别加入 15% 碘化钠丙酮溶液 1mL，再分别加 2 滴 1-氯丁烷、2-氯丁烷、氯化苄、氯苯 ⇒ 振摇试管，放置 5min，观察现象；如无变化，可于 50℃ 下水浴 6min，取出冷却至室温，观察现象

【数据记录与处理】

实验结果表格 1：

试剂	反应现象	
	饱和硝酸银乙醇溶液	水浴加热后
1-氯丁烷		
1-溴丁烷		
1-碘丁烷		
2-氯丁烷		
氯苯		
氯化苄		

实验结果表格 2：

试剂	反应现象	
	饱和硝酸银乙醇溶液	水浴加热后
1-氯丁烷水层		
2-氯丁烷水层		
2-氯-2-甲基丙烷水层		

实验结果表格 3：

试剂	反应现象	
	15%碘化钠丙酮溶液	水浴加热后
1-氯丁烷		
2-氯丁烷		
氯化苄		
苯		

【问题思考】

1. 卤代烃的鉴别反应中为何使用硝酸银醇溶液而不是其水溶液？
2. 卤代烃水解反应中，检验水层卤素离子前为什么用硝酸酸化？

【注意事项】

1. 本实验试管使用前应用蒸馏水洗涤，以排除自来水中游离卤素负离子的影响。
2. 实验中使用的氯化苄具有一定的催泪性，操作应在通风橱中进行，废液应统一回收处理。
3. 卤代烯烃与卤代芳烃由于卤素原子与双键形成p-π共轭，使碳卤键断裂的难度增大，通常即使加热也难以与硝酸银醇溶液反应生成卤化银沉淀。

 知识链接

干洗是一种利用有机溶剂对织物纤维进行洗涤，以达到去除污渍目的的洗涤方法。早期的干洗剂是苯、煤油、汽油等石油类溶剂，这些干洗剂去油污效果较好，不缩水、不变形，也不串色，但易燃易爆，限制了其发展；后期又发展出了以三氯乙烯（TCE）为干洗剂的干洗技术，其除具有前述干洗剂的优点之外，还不易燃易爆，但三氯乙烯的脱脂能力强，毒性及腐蚀性也强，易损坏纤维。1821年，英国化学家法拉第首次合成了四氯乙烯（PCE），又称为全氯乙烯。研究发现，四氯乙烯可对衣物上的污渍进行浸润、溶解、稀释、冲洗，对油或油脂具有很强的溶解能力。自20世纪40年代以来四氯乙烯就作为干洗剂应用于干洗领域，具有去污效果好、不易燃易爆、腐蚀性弱、毒性相对三氯乙烯低等特点。四氯乙烯的毒性主要表现为抑制人体中枢神经系统，同时引起体内免疫-内分泌系统功能紊乱，通常其可能通过大气、食品及饮用水等进入人体，目前，四氯乙烯也已成为大气、土壤与水体污染的主要来源。近年来，随着健康中国的持续推进及加强污染物协同控制、深入推进环境污染防治，对干洗剂安全风险的关注也不断增加，三氯乙烯、四氯乙烯等都已被生态环境部列入《新污染物治理行动方案（征求意见稿）》中。

任务14　醇、酚、醚的性质

任务目标

知识目标：

1. 掌握醇、酚、醚的化学性质。
2. 熟悉酚及醚纯度的检验方法。
3. 了解羟基在醇、酚中性质的差异。

能力目标：

1. 能正确操作醇、酚、醚的化学反应实验。
2. 能利用化学反应鉴别醇、酚及醚。

素质目标：

1. 培养学生严谨求实、实事求是的科学态度。
2. 培养学生树立绿色环保观念与安全意识。

实验原理

醇、酚、醚都属于烃的含氧衍生物，醇、酚的特性基团为羟基，醚的特性基团为醚键。

醇的性质主要由羟基所决定。如具有酸性，可与活泼金属发生反应；羟基在一定条件下可被取代，生成卤代烃、酯或醚等；含有 α-H 的伯醇与仲醇还可发生氧化或脱氢反应，生成醛或酮。醇的鉴别，通常可用的试剂有卢卡斯试剂与氧化剂。如醇与卢卡斯试剂的反应，叔醇与卢卡斯试剂反应速率快，很快就能看到不溶性卤代烃生成，出现浑浊；仲醇与卢卡斯试剂反应速率稍慢，在10min左右可看到浑浊现象；伯醇较难反应，通常需要加热才能观察到浑浊现象。

多元醇分子中由于多个羟基的相互影响，具有一些特殊的性质，邻二醇类多元醇可与氢氧化铜反应，溶液变为蓝色，通常用于邻二醇类结构的鉴别。

酚的特性基团与醇相同，但羟基氧与芳环的共轭，使酚羟基很难具有部分醇的性质。酚具有酸性，酚盐与卤代烃作用可生成酚醚，与酰卤或酸酐作用可生成酚酯，酚还可与三氯化铁溶液发生显色反应（用于检验酚羟基与烯醇式结构）；芳环上的羟基还可活化芳环，使其亲电取代反应变得更加容易进行，如苯酚可与溴水作用生成2,4,6-三溴苯酚白色沉淀（用于酚的鉴别）；酚易被氧化，常规氧化剂存在下都可被氧化成醌类化合物。

醚的稳定性稍强，在碱、氧化剂、还原剂、活泼金属等体系中都表现出一定的稳定性，但其可与强酸作用生成盐，该盐不稳定，遇水可分解成醚（可用于醚的分离纯化与检验）。醚与空气长期接触会被缓慢氧化成过氧化醚，过氧化醚受热时易爆炸，故醚在使用前通常须检验是否有过氧化物存在。

【仪器和试剂】

仪器：试管、酒精灯、小刀等。

试剂：无水乙醇、95%乙醇、正丁醇、仲丁醇、叔丁醇、0.5%高锰酸钾、5%碳酸钠、金属钠、卢卡斯试剂、5%氢氧化钠、5%硫酸铜、10%甘油、10%丙-1,3-二醇、苯酚饱和水溶液、溴水、5%三氯化铁、5%碘化钾、浓盐酸、浓硫酸、10%盐酸、酚酞、苯、乙醚、pH试纸等。

【实验步骤】

1. 醇的性质

取一支干燥试管，加入1mL无水乙醇，将绿豆大小新切的金属钠投入其中，观察现象 钠完全消失后，在试管中加入2mL水与1滴酚酞，观察实验现象

取三支干燥试管，分别加入1mL正丁醇、仲丁醇及叔丁醇，再分别向试管中加入2mL卢卡斯试剂 充分振荡试管后静置，观察实验现象。用1mL浓盐酸替代卢卡斯试剂进行实验，比较结果

| 取三支干燥试管，各加入 5 滴 0.5% 高锰酸钾、5 滴 5% 碳酸钠溶液，摇匀 | | 三支试管中分别加入 5 滴正丁醇、仲丁醇、叔丁醇，振荡，观察实验现象 |

| 取三支干燥试管，各加入 3 滴 5% 硫酸铜、6 滴 5% 氢氧化钠，观察现象 | | 分别加入 5 滴 10% 甘油、10% 丙-1,3-二醇及 95% 乙醇，观察实验现象 |

2. 酚的性质

| 取两支试管，各加入 3mL 苯酚饱和水溶液，用 pH 试纸测 pH 值，一支试管作空白对照 | | 另一支试管加入 5% 氢氧化钠至溶液澄清，加 10% 盐酸至溶液呈酸性，观察现象 |

| 向试管中加入 2 滴苯酚饱和水溶液，用蒸馏水稀释至 2mL，逐滴滴加溴水，观察现象，当有浅黄色沉淀生成时，停止滴加 | | 将混合液煮沸除去过量的溴，冷却，滴加 5 滴 5% 碘化钾及 1mL 苯，振荡试管，观察现象 |

| 取两支试管，各加入 3mL 苯酚饱和水溶液，一支中滴加 5% 三氯化铁，观察现象 | | 另一支试管中加入 5% 碳酸钠 0.5mL 与 0.5% 高锰酸钾 1mL，振荡，观察现象 |

3. 醚的性质

| 向试管中加入 2mL 浓硫酸，冰水浴中冷却至 0℃，滴加 1mL 乙醚，边加边摇，观察现象 | | 将试管中的混合液小心地倒入 4mL 冰水中，振摇、冷却，观察现象 |

【数据记录与处理】

实验结果表格 1：

试剂	反应现象	
	金属钠	水+酚酞
无水乙醇		

实验结果表格 2：

试剂	反应现象		
	卢卡斯试剂	浓盐酸	高锰酸钾+碳酸钠
正丁醇 仲丁醇 叔丁醇			

实验结果表格 3：

试剂	反应现象
	硫酸铜+氢氧化钠（反应现象：　　　　）
甘油 1,3-丙二醇 乙醇	

实验结果表格 4：

试剂	反应现象
	苯酚饱和水溶液（pH=　　　）
澄清后加10%盐酸 溴水 碘化钾+苯 三氯化铁 碳酸钠+高锰酸钾	

实验结果表格 5：

试剂	反应现象	
	浓硫酸	冰水
乙醚		

【问题思考】

1. 伯、仲、叔醇与卢卡斯试剂发生反应的现象分别是什么？为何卢卡斯试剂主要适用于3个碳至6个碳的醇的鉴别？
2. 苯酚的亲电取代反应活性为什么比苯要高？
3. 当过量的溴水与苯酚作用时，往往生成浅黄色的沉淀，原因是什么？
4. 实验中如需蒸馏乙醚，应该注意什么？

【注意事项】

1. 卢卡斯试剂的配制：将34g熔融后稍冷的无水氯化锌缓慢加入23mL浓盐酸中，边加边搅拌，将容器置于冰水浴中降温，以防HCl气体逸出，该类试剂一般现用现配。

2. 三氯化铁的显色反应可用于检验酚羟基或烯醇式结构，但并不是所有的酚类化合物都可与之显色，故阴性反应不能证明无酚羟基存在。

3. 醇与钠的反应中，若反应结束时仍然有钠存在，应将其取出后放于酒精中破坏，否则钠遇水后易造成实验安全隐患。

知识链接

多溴二苯醚（PBDEs）是一种溴原子取代数不同的二苯醚类混合物，共有209种，是一种添加型溴化阻燃剂，基于其添加量低、阻燃效率高、热稳定性好、对材料影响小等特点，被广泛用于各工业与商业领域。由于多溴二苯醚具有蓄积量大、脂溶性高、残留期长、毒性大等特点，其部分组成如四溴二苯醚、五溴二苯醚、六溴二苯醚、七溴二苯醚、十溴二苯醚等均作为持久性有机污染物被列入《斯德哥尔摩公约》。目前，PBDEs在不同的环境介质如土壤、水、大气、生物体（如植物、动物）、人体（如头发、母乳、血液）中被检出，已经成为全球性的污染物。PBDEs具有发育神经毒性、免疫毒性及致癌性，对内分泌具有干扰作用，对生态环境及人体健康构成极大的威胁。二十大以来，国家推进美丽中国建设，坚持山水林田湖草沙一体化保护和系统治理，统筹污染治理、生态保护等工作，生态环境部等2022年12月制定颁布的《重点管控新污染物清单（2023年版）》将十溴二苯醚列入其中，并对其按照国家有关规定采取禁止、限制、限排等环境风险管控措施。十溴二苯醚的结构如下：

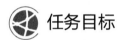

十溴二苯醚

任务15　醛、酮的性质

任务目标

知识目标：
1. 掌握醛、酮的主要化学性质。
2. 掌握醛、酮的鉴别方法。

能力目标：
1. 能正确操作醛、酮的化学反应。
2. 能利用化学性质鉴别醛、酮。

素质目标：
1. 培养学生树立良好的实验安全意识。
2. 培养学生的辩证思维与系统观念。

实验原理

醛与酮具有相同的特性基团——羰基。当羰基与氢连接时，形成醛的结构；当羰基两端都与烃基相连时，形成酮的结构。相同的特性基团，使醛与酮具有一些相同的化学性质，但结构上的差异，又使其在某些性质上表现出不同的特征。

（1）亲核加成反应：羰基可发生亲核加成反应，主要包括与氢氰酸、饱和亚硫酸氢钠、醇、格氏试剂、氨的衍生物等发生反应，其中可用于鉴别醛或酮的有饱和亚硫酸氢钠与2,4-二硝基苯肼。饱和亚硫酸氢钠可与醛、脂肪族甲基酮及少于8个碳的环酮发生反应，生成结晶；2,4-二硝基苯肼可与羰基作用，生成橙黄色苯腙类固体。

（2）卤代及卤仿反应：在酸或碱催化下，含α-H的醛或酮可与卤素发生卤代反应。一般在酸催化下，仅发生一卤代；在碱催化下，可将分子中α-H都取代，生成多卤代醛或酮。当醛、酮含有3个α-H时，如乙醛，在碱性条件下卤代，生成三卤代乙醛，该体系不稳定，碱性条件下易分解成卤仿与相应的羧酸盐。如卤素选择碘，则可生成碘仿黄色结晶，通常用于含甲基酮结构的鉴别。由于含 $CH_3CH(OH)-$ 结构的醇可被碘在碱性条件下氧化成甲基酮结构，故也可发生类似的碘仿反应。

（3）氧化反应：醛可与托伦试剂、斐林试剂等弱氧化剂发生氧化反应，酮则不行。托伦试剂可与所有的醛作用，生成金属银的同时将醛氧化成羧酸；甲醛、脂肪醛可被斐林试剂氧化，芳香醛与酮则很难发生该反应。

【仪器和试剂】

仪器：试管、烧杯、酒精灯等。

试剂：40%甲醛、乙醛、苯甲醛、丙酮、苯乙酮、戊-3-酮、乙醇、异丙醇、丁-1-醇、饱和亚硫酸氢钠溶液、5%盐酸、碘-碘化钾溶液、5%氢氧化钠溶液、5%硝酸银溶液、2%氨水、斐林试剂A、斐林试剂B、浓硫酸等。

【实验步骤】

1. 与2,4-二硝基苯肼反应

取四支试管，分别向每支试管中加入 1mL 2,4-二硝基苯肼溶液 ⇨ 分别加入乙醛、苯甲醛、丙酮及苯乙酮各2滴，摇匀静置，观察现象

2. 与饱和亚硫酸氢钠溶液反应

取四支试管，分别向每支试管中加入 2mL 新配制的饱和亚硫酸氢钠溶液 ⇨ 分别加入苯甲醛、丙酮、戊-3-酮及苯乙酮各6滴，振摇、冷却，观察现象

⇨ 向生成的结晶中各加入5%盐酸 3mL，用力振荡，观察现象

3.与碘-碘化钾反应

取五支试管分别加入 3 滴乙醛、丙酮、乙醇、异丙醇、丁-1-醇,再各加入 10 滴碘-碘化钾溶液 滴加 5% 氢氧化钠至溶液深红色消失,振摇,观察是否有沉淀产生

4.醛、酮的氧化反应

取八支试管,四支中各加入 1mL 托伦试剂,四支中各加入 1mL 斐林试剂 A 与 B 加入托伦试剂的试管中分别加入 2 滴乙醛、苯甲醛、丙酮、苯乙酮,观察现象

⇨ 加入斐林试剂的试管中分别加入 0.5mL 甲醛、乙醛、苯甲醛、丙酮,摇匀,加热,观察现象

【数据记录与处理】

实验结果表格1:

试剂	反应现象		
	2,4-二硝基苯肼	饱和亚硫酸氢钠	5%盐酸
乙醛 苯甲醛 丙酮 苯乙酮 戊-3-酮			

实验结果表格2:

试剂	反应现象		
	碘-碘化钾	托伦试剂	斐林试剂
乙醇 异丙醇 丁-1-醇 乙醛 苯甲醛 丙酮 苯乙酮 甲醛			

【问题思考】

1. 碘仿反应可用于鉴别哪些化合物？有时进行碘仿反应时为加快反应进度，需对反应体系进行加热，可否用沸水浴加热？
2. 亚硫酸氢钠溶液用于醛、酮的鉴别时，为什么需要饱和溶液？
3. 用化学方法鉴别：甲醛、苯甲醛、乙醛、丙酮、乙醇、苯乙酮。

【注意事项】

1. 托伦试剂的配制：0.5mL 5%硝酸银溶液中加入1滴5%氢氧化钠溶液，再滴加氨水至沉淀刚好完全溶解。由于久置可产生易爆雷爆银，故需现配现用。

2. 斐林试剂的配制：由斐林试剂A与斐林试剂B等量混合而成。其中，斐林试剂A可由7g水合硫酸铜与100mL蒸馏水及0.1mL浓硫酸混合而成；斐林试剂B可由14g氢氧化钠与34.6g酒石酸钾钠及100mL蒸馏水混合而成。

3. 2,4-二硝基苯肼溶液的配制：将3g 2,4-二硝基苯肼溶于15mL浓硫酸，再加入70mL 95%乙醇，用蒸馏水稀释至100mL，混合均匀后过滤得滤液。

4. 碘-碘化钾溶液的配制：在100mL蒸馏水中加入25g碘化钾，搅拌溶解，再加入12.5g碘，搅拌溶解均匀。

知识链接

醛、酮是一类含有 $\diagdown$C＝O结构的化合物。醛、酮中含碳数最少的化合物为甲醛，于1859年被俄国化学家亚历山大·米哈依洛维奇·布特列洛夫（A.M.Butlerov）发现。低级醛往往具有不愉快的气味，而高级脂肪醛、芳香醛及酮则具有令人愉快的气味。醛、酮是重要的精细化学品，应用在许多领域如食品、医药、化妆品等中。如在现行的食品添加剂使用标准GB 2760—2014中，可用于糖果、风味发酵乳等中的着色剂 β-阿朴-8'-胡萝卜素醛，食品用合成香料乙醛、丙醛、己-2-烯醛、乙甲酮、戊-2-酮等；在医药领域中，β-紫罗兰酮常用于维生素A的制备，甲醛可用于利尿剂乌洛托品的制备，由三氯乙醛制备的水合氯醛可用作催眠剂、镇静剂和兽用麻醉剂等；醛、酮在化妆品中也有广泛的应用，在国家药品监督管理局2021年发布的《已使用化妆品原料目录（2021年版）》中，共收录醛、酮类原料超过70余种，如用作化学防晒剂的二苯酮-3、二苯酮-4，用作防腐剂的甲醛、甲基异噻唑啉酮，用作溶剂的甲基吡咯烷酮、丙酮，用作芳香剂的己醛、己基肉桂醛及用作着色剂的食品橙6（β-阿朴-8'-胡萝卜素醛）等。

任务16 羧酸的性质

任务目标

知识目标:
1. 掌握羧酸的主要化学性质。
2. 掌握羧酸的鉴别方法。

能力目标:
1. 能正确操作羧酸的化学反应。
2. 能利用化学性质鉴别羧酸。

素质目标:
1. 培养学生严谨求实的科学态度与实验作风。
2. 培养学生的观察能力与分析问题、解决问题的能力。

实验原理

羧酸的特性基团为羧基,可解离出氢离子,具有明显的酸性。羧酸的酸性随烃基供电子能力增加而减弱,通常饱和一元酸中,甲酸的酸性最强,二元羧酸中,草酸的酸性最强。羧酸是弱酸,其酸性比盐酸或硫酸等弱,但强于碳酸,故羧酸可与碳酸钠或碳酸氢钠反应生成盐。

羧酸可与醇在酸性条件下发生酯化反应生成羧酸酯,除酯外,羧基中羟基在特定条件下还可被取代生成酰卤、酸酐、酰胺等。金属氢化物作用下,羧酸可被还原成同碳数的伯醇。烃基上连接吸电子基团时,某些结构的羧酸还可发生脱羧或脱水反应。

甲酸由于结构的特殊性,可具有部分醛的性质,如可被高锰酸钾或托伦试剂、斐林试剂氧化;草酸分子由于两个羧基的相互影响,也可发生被高锰酸钾此类氧化剂氧化的反应。

【仪器和试剂】

仪器:试管、烧杯、酒精灯等。

试剂:水杨酸、10%甲酸、10%乙酸、10%草酸、苯甲酸、5%氢氧化钠溶液、5%

盐酸、0.05%高锰酸钾溶液、浓硫酸、pH试纸、乙醇等。

【实验步骤】

1. 羧酸的酸性及氧化反应

| 取三支试管，分别加入 10% 甲酸、10% 乙酸及 10% 草酸 1mL，用 pH 试纸测其 pH 值 | ⇨ | 分别逐滴加入 0.05% 高锰酸钾，观察现象，若不褪色，加热后继续观察 |

| 取两支试管，分别加入 0.1g 水杨酸、0.1g 苯甲酸及各加 1mL 水 | ⇨ | 分别逐滴加入 5% 氢氧化钠至澄清，再逐滴加入 5% 盐酸，观察现象 |

2. 酯化反应

| 干燥试管中加入 1mL 乙酸、1mL 乙醇，边摇边滴加 10 滴浓硫酸 | ⇨ | 70℃水浴加热 10min 后，将试管浸入冷水中冷却至室温，加入 2mL 水，观察现象 |

【数据记录与处理】

实验结果表格 1：

试剂	反应现象	
	高锰酸钾	盐酸
甲酸 乙酸 草酸 水杨酸 苯甲酸		

实验结果表格 2：

试剂	反应现象	
	浓硫酸	水
乙酸+乙醇		

【问题思考】

1. 浓硫酸在酯化反应中的作用是什么？
2. 如何用化学方法鉴别甲酸、草酸、丙酸？
3. 影响羧酸酸性的因素有哪些？

【注意事项】

1. 酯化反应过程中温度不宜过高，否则易造成试剂挥发，影响实验结果。
2. 通常可利用酸性对羧酸进行鉴别，在酸中加入钠、碳酸钠、碳酸氢钠等试剂会产生气泡；除此之外，还可利用氧化反应鉴别羧酸，如高锰酸钾可氧化甲酸与草酸，造成高锰酸钾褪色，甲酸由于含有类似于醛的结构，还可被托伦试剂、斐林试剂等弱碱性氧化剂氧化，生成银镜、砖红色氧化亚铜沉淀。

任务17　取代羧酸及羧酸衍生物的性质

任务目标

知识目标：
1. 掌握取代羧酸及羧酸衍生物的化学性质。
2. 掌握取代羧酸及羧酸衍生物的鉴别方法。

能力目标：
1. 能正确操作取代羧酸及羧酸衍生物的化学反应。
2. 能利用化学性质鉴别取代羧酸及羧酸衍生物。

素质目标：
1. 培养学生宏观辨识与微观探析的科学素养。
2. 培养学生科学的实验态度与社会责任意识。

实验原理

取代羧酸是指羧酸分子烃基中氢被其它原子或原子团取代后形成的一类化合物，常见的取代羧酸有卤代酸、羟基酸、羰基酸、氨基酸等。取代羧酸含多个官能团，不仅可具有原有官能团的性质，官能团之间的相互影响，还可产生一些特殊反应，如羟基取代位置不同的羧酸加热下发生的脱水、脱羧等反应。乙酰乙酸乙酯是羰基酸酯类化合物，结构中存在酮式-烯醇式互变异构，其既可与饱和亚硫酸氢钠加成，也可与三氯化铁发生显色反应，可用于其鉴别。另外，分子中含活泼性高的α-H，可在醇钠等强碱存在下发生烷基化、酰基化等反应，在此基础上还可发生酮式分解与酸式分解，通常用于有机合成。

羧酸衍生物主要有酰卤、酸酐、酯与酰胺，可以发生的通性反应有水解反应、醇解反应、氨解反应、还原反应等。酸酐、酯、酰胺还可与羟胺作用生成异羟肟酸，其与三氯化铁混合可生成酒红色异羟肟酸铁，反应方程式如下：

$$\underset{OR'}{\overset{O}{R-C}} \xrightarrow{NH_2OH} \underset{NHOH}{\overset{O}{R-C}} \xrightarrow{FeCl_3} \left(\underset{NHO}{\overset{O}{R-C}} \right)_3 Fe$$

羧酸与酰卤需先转化成酯后才可发生该反应，通常用于羧酸衍生物的鉴别。酰胺还能发生某些特性反应，如具有两性、受热脱水成腈及霍夫曼降解反应等。

【仪器和试剂】

仪器：试管、烧杯、酒精灯等。

试剂：乙酰氯、乙酸酐、乙酸乙酯、乙酰胺、2%硝酸银溶液、20%氢氧化钠、15%硫酸、浓硫酸、无水乙醇、乙酸、饱和碳酸钠溶液、1mol·L^{-1}盐酸羟胺甲醇溶液、2mol·L^{-1}氢氧化钾溶液、2,4-二硝基苯肼试剂、10%乙酰乙酸乙酯、1%三氯化铁、红色石蕊试纸等。

【实验步骤】

1.水解反应

取两支试管，各加入1mL水，再分别加入5滴乙酰氯与5滴乙酸酐 ⇒ 摇动滴加乙酰氯的试管，观察现象，反应结束后加入2滴2%硝酸银溶液，观察现象

⇒ 摇匀滴加乙酸酐的试管，观察现象，水浴加热数分钟后，用红色石蕊试纸测试

| 取三支试管，在每支试管中加入 1mL 乙酸乙酯与 1mL 水，置于热水浴中 | | 一支加入 1mL 15% 硫酸，一支加入 1mL 20% 氢氧化钠，观察现象 |

| 取两支试管，各加入 0.1g 乙酰胺，再分别加入 1mL 20% 氢氧化钠、1.5mL 15% 硫酸 | | 混合均匀后小火加热至沸，将湿润红色石蕊试纸放在管口，观察现象 |

2. 醇解反应

| 两支试管中各加入 15 滴无水乙醇，分别加入 10 滴乙酰氯、10 滴乙酸酐与 1mL 浓硫酸 | | 摇匀，待冷却后各加入 2mL 饱和碳酸钠溶液，静置，观察现象 |

3. 异羟肟酸铁反应

| 五支试管中各加入 0.5mL 盐酸羟胺甲醇溶液，再分别加入 2 滴乙酸、乙酸乙酯、乙酰氯、乙酸酐与 40mg 乙酰胺 | | 摇匀，加 KOH 溶液至溶液呈碱性，煮沸。冷却，加入 5% 盐酸调至酸性，各滴 5 滴 1% 三氯化铁，观察现象 |

4. 乙酰乙酸乙酯的性质

| 取两支干燥试管，向其中各加入 10 滴 10% 的乙酰乙酸乙酯溶液 | | 再各加入 1.5mL 2,4-二硝基苯肼试剂与 1 滴三氯化铁，观察现象 |

【数据记录与处理】

实验结果表格 1：

试剂	反应现象	
	水	硝酸银（或石蕊试纸）
乙酰氯 乙酸酐		

实验结果表格2：

试剂	反应现象		
	硫酸	氢氧化钠	/
乙酸乙酯+水			

实验结果表格3：

试剂	反应现象	
	氢氧化钠（红色石蕊试纸）	硫酸（红色石蕊试纸）
乙酰胺		

实验结果表格4：

试剂	与饱和碳酸钠的反应现象
乙醇+乙酰氯	
乙醇+乙酸酐+浓硫酸	

实验结果表格5：

试剂	与三氯化铁的反应现象
盐酸羟胺+乙酸	
盐酸羟胺+乙酸乙酯	
盐酸羟胺+乙酰氯	
盐酸羟胺+乙酸酐	
盐酸羟胺+乙酰胺	

实验结果表格6：

试剂	反应现象	
	2,4-二硝基苯肼	三氯化铁
乙酰乙酸乙酯		

【问题思考】

1. 酰卤与酸酐的水解反应速率哪个更快？为什么？
2. 乙酸乙酯在碱性条件下可完全水解，在酸性条件下部分水解，试解释原因。

3.如何用实验证明乙酰乙酸乙酯存在酮式-烯醇式互变异构现象？

【注意事项】

1.酰卤的活泼性很高，在进行水解或醇解反应时应注意实验安全。

2.酸酐的反应活性相对较差，水解反应通常需加热才能进行。

 知识链接

油脂是油和脂肪的统称，其主要成分为高级脂肪酸甘油酯，属于羧酸衍生物。通常在常温下呈液态的称为油，呈固态的称为脂。油脂在化妆品中作为基质材料，具有广泛的应用。添加进化妆品中的油脂可以起到滋润、柔软、修饰、乳化、发泡、增溶、调节肤感等传统功能，也可在产品中作为活性物质的稳定剂、促吸收剂等，如辛酸/癸酸甘油三酯、异壬酸异壬酯、甘油硬脂酸酯、PEG-100硬脂酸酯。在国家药监局发布的《已使用化妆品原料目录（2021年版）》中，收录的酯类化合物数量达1000余种。

任务18 胺的性质

 任务目标

知识目标：

1.掌握胺类化合物的化学性质。

2.掌握胺类化合物的鉴别方法。

能力目标：

1.能正确操作胺类化合物的化学反应。

2.能利用化学性质鉴别胺类化合物。

素质目标：

1.培养学生树立良好的环保意识与探究精神。

2.培养学生的动手能力与团队合作意识。

实验原理

胺类化合物分子可视作氨气分子中氢原子被烃基取代后形成的一类化合物,氨基是胺类化合物的官能团,N原子上具有孤对电子,使胺具有碱性与亲核性。

(1) 碱性:胺具有碱性,可与强酸生成强酸弱碱盐。在胺盐中加入强碱,可使胺重新游离出来,可用于胺的分离提纯。胺在水溶液中的碱性大小顺序一般为:脂肪胺>氨>芳香胺,脂肪胺中的仲胺>伯胺>叔胺,芳香胺中的苯胺>二苯胺>三苯胺。

(2) 酰基化与磺酰基化:氮上含有氢的伯胺和仲胺可与酰卤或酸酐等酰化试剂发生酰基化反应,生成酰胺,该反应称为胺的酰基化反应。若伯胺和仲胺与苯磺酰氯反应,则可生成相应的磺酰胺,该反应又称为兴斯堡反应,常用来鉴别伯、仲、叔胺。通常伯胺生成的磺酰胺可溶于氢氧化钠,仲胺生成沉淀,叔胺不发生该反应。

(3) 与亚硝酸反应:脂肪胺与亚硝酸反应,伯胺可反应生成重氮盐继而分解,放出氮气,仲胺可反应生成亚硝基取代化合物,为黄色油状物,叔胺与亚硝酸反应生成胺盐而溶解;芳香族伯胺在低温下反应,可生成相对稳定的重氮盐(可与酚或芳胺发生偶联反应),芳香族仲胺与亚硝酸反应生成类似于脂肪族仲胺的黄色油状物,芳香族叔胺与亚硝酸发生亚硝化反应,生成的产物在酸性条件下呈橘黄色,碱性条件下呈翠绿色。该类反应通常可用于脂肪族及芳香族胺类化合物的鉴别。

芳香胺中芳环的取代反应活性比苯大,易发生亲电取代反应。如苯胺与溴水反应,可生成2,4,6-三溴苯胺白色沉淀,通常用于芳香胺的定性及定量分析。

【仪器和试剂】

仪器:试管、烧杯、酒精灯等。

试剂:甲胺、苯胺、苄胺、浓盐酸、N-甲基苯胺、N,N-二甲基苯胺、苯磺酰氯、10%氢氧化钠溶液、5%盐酸、10%亚硝酸钠溶液、淀粉-碘化钾试纸、10%萘-2-酚、饱和溴水、pH试纸等。

【实验步骤】

1. 胺的碱性

| 三支试管中分别加入 5 滴甲胺、苯胺、苄胺及各加 2mL 水,充分振摇,观察现象 | | 用 pH 试纸检测酸碱性,分别滴加浓盐酸至溶液呈酸性,摇匀,观察现象 |

2. 兴斯堡反应

三支试管中分别加入 5 滴苯胺、N-甲基苯胺及 N,N-二甲基苯胺，再各加入 5 滴苯磺酰氯 ⇨ 摇匀，各加入 5mL 10% 氢氧化钠溶液，温热至无苯磺酰氯臭味放出，测 pH 值

⇨ 溶液呈碱性时，观察现象。再分别用 5% 盐酸调体系 pH 值至酸性，观察现象

3. 芳香胺重氮化与偶联反应

试管中加入 5 滴苯胺、1mL 水及 10 滴浓盐酸，置于冰水浴中冷却至 0～5℃ ⇨ 逐滴滴加 10% 亚硝酸钠至淀粉-碘化钾试纸变蓝色，摇匀

 反应液分为 2 份，一份微热，一份加入 2 滴 10% 萘-2-酚，摇匀，观察现象

4. 与亚硝酸反应

两支试管中分别加入 5 滴 N-甲基苯胺、N,N-二甲基苯胺，再各加入 1mL 水及 1mL 浓盐酸 ⇨ 冰水浴下各加入 5 滴 10% 亚硝酸钠溶液，观察现象。调节溶液至碱性，观察现象

5. 与溴水反应

三支试管中分别加入 5 滴苯胺、N-甲基苯胺及 N,N-二甲基苯胺 各加入 5 滴水，边摇边滴加 3 滴饱和溴水，观察现象

【数据记录与处理】

实验结果表格 1：

试剂	溶解性及 pH	与浓盐酸的反应现象
甲胺+水 苯胺+水 苄胺+水		

实验结果表格 2：

试剂	反应现象		
	苯磺酰氯	氢氧化钠	盐酸
苯胺 N-甲基苯胺 N,N-二甲基苯胺			

实验结果表格 3：

试剂	反应现象	
	加热	萘-2-酚
苯胺+水+浓盐酸+亚硝酸钠		

实验结果表格 4：

试剂	反应现象	
	亚硝酸钠	OH
N-甲基苯胺+水+浓盐酸 N,N-二甲基苯胺+水+浓盐酸		

实验结果表格 5：

试剂	与饱和溴水的反应现象
苯胺 N-甲基苯胺 N,N-二甲基苯胺	

【问题思考】

1. 伯、仲及叔胺的鉴别方法有哪些？胺的水溶液能否直接利用兴斯堡反应鉴别胺的种类？

2. 脂肪族及芳香族伯胺与亚硝酸反应都生成了重氮盐，为何前者易分解而后者可在低温下稳定存在？

3. 是不是所有的芳香胺都可与溴水作用生成白色沉淀？为什么？

【注意事项】

1. 重氮化反应中滴加10%亚硝酸钠溶液速度要慢，否则易造成亚硝酸盐累积分解，放出一氧化氮与二氧化氮。

2. 亚硝酸的稳定性差，一般都用亚硝酸盐与硫酸或盐酸混合产生亚硝酸。

3. 兴斯堡反应中，若仲胺含有酸性基团，则其生成的磺酰胺类化合物也可溶于氢氧化钠，此时不能与伯胺相区分。

知识链接

组胺，化学名称为2-(1H-咪唑-4-基)乙胺，是左旋组氨酸在组氨酸脱羧酶的作用下产生的一种有机含氮化合物。人体的许多组织，如皮肤、肺、鼻等中的肥大细胞含有大量组胺，当组织受到损伤或发生过敏、炎症反应时，即可释放出组胺。若体内组胺水平升高，可出现组胺不耐受，出现头疼、打喷嚏、荨麻疹、组织肿胀等症状。组胺的作用，主要通过4种类型受体表现出来，分别为H1受体、H2受体、H3受体及H4受体。研究表明，H1及H4受体在组胺介导的变态反应性疾病的进展与调节中具有重要的作用；H2受体参与免疫激活，对气道、子宫及血管平滑肌的松弛起重要作用；H3受体则可作为控制组胺合成与释放的自身受体或调节神经递质释放的异受体。组胺与过敏反应及炎症有着密切的联系，二十大报告关于健康中国建设中提到，要加强重大慢性病健康管理，提高基层防病治病和健康管理能力，正确认识组胺对人体慢性疾病的影响，对治疗组胺不耐受有着重要的意义。

组胺的分子结构如下：

组胺

除了人体组织合成的组胺外，人类摄入的很多食物中也含有组胺。日常生活中的低组胺饮食主要有米饭、面条、西蓝花、萝卜、黄瓜、生菜、纯牛奶、新鲜鱼（肉）等，组胺含量高的食物则有酸奶、腌制或熏烤肉类、樱桃、草莓、菠菜、茄子、西红柿、发酵食品及酒精饮料等。

任务19　糖类的性质

任务目标

知识目标：
1. 掌握糖类化合物的化学性质。
2. 掌握糖类化合物的鉴别方法。

能力目标：
1. 能正确操作糖类化合物的化学反应。
2. 能利用化学性质鉴别糖类化合物。

素质目标：
1. 培养学生树立良好的健康观念。
2. 培养学生严谨认真的科学态度与实事求是的工作作风。

实验原理

糖类是一类含有多羟基醛、酮结构或可发生水解生成多羟基醛、酮结构的有机化合物。根据糖类水解的情况，可将糖类分为单糖、低聚糖和多糖。

（1）单糖的性质：所有的单糖都属于还原性糖，单糖除可发生羰基与羟基的典型反应外，还可与托伦试剂、斐林试剂、班氏试剂、稀硝酸、浓硝酸等发生氧化反应（醛糖还可被溴水氧化）。单糖与苯肼反应可生成糖脎，与莫利许试剂、塞利凡诺夫试剂可发生颜色反应。

（2）低聚糖的性质：以双糖为例，还原性的双糖，如麦芽糖、乳糖、纤维二糖等，都可发生水解反应生成单糖，由于具有还原性，可发生还原性糖能发生的所有反应，如与托伦试剂、斐林试剂、班氏试剂反应，与苯肼成脎等；非还原性双糖，如蔗糖等，分子中不含有半缩醛羟基，不能表现出还原性糖的反应特征。

（3）多糖的性质：多糖为非还原性糖，通常由非常多的单糖分子聚合而成，难溶于水。常见的多糖有淀粉与纤维素，它们都可在一定条件下发生水解反应，生成单糖。淀粉是一种常见的多糖，淀粉遇碘显蓝色，通常用于淀粉的鉴别。

【仪器和试剂】

仪器：试管、烧杯、酒精灯、显微镜等。

试剂：2%葡萄糖、2%果糖、2%蔗糖、2%麦芽糖、1%淀粉溶液、苯肼试剂、托伦试剂、斐林试剂A、斐林试剂B、莫利许试剂、塞利凡诺夫试剂、25%硫酸、浓盐酸、5%碳酸钠、班氏试剂、碘液。

【实验步骤】

1. 氧化反应

| 五支试管中分别加入 5 滴 2% 葡萄糖、2% 果糖、2% 蔗糖、2% 麦芽糖、1% 淀粉溶液 | ⇒ | 各加入 1mL 托伦试剂，摇匀，50～60℃水浴加热，观察现象 |

| 五支试管中分别加入 5 滴 2% 葡萄糖、2% 果糖、2% 蔗糖、2% 麦芽糖、1% 淀粉溶液 | ⇒ | 各加入 1mL 斐林试剂 A 与 B，摇匀，沸水浴加热 3min，冷却，观察现象 |

2. 显色反应

| 五支试管中分别加入 20 滴 2% 葡萄糖、2% 果糖、2% 蔗糖、2% 麦芽糖、1% 淀粉溶液 | ⇒ | 各加入 4 滴新制莫利许试剂，摇匀，沿管壁缓慢加入 1mL 硫酸，观察现象 |

| 五支试管中分别加入 2 滴 2% 葡萄糖、2% 果糖、2% 蔗糖、2% 麦芽糖、1% 淀粉溶液 | ⇒ | 各加入 10 滴塞利凡诺夫试剂，摇匀，沸水浴加热 2min，观察现象 |

3. 与苯肼反应

```
五支试管中分别加入 2mL 2%     各加入 1mL 新制苯肼试剂,摇
葡萄糖、2% 果糖、2% 蔗糖、  ⇨  匀,沸水浴加热,记录沉淀出
2% 麦芽糖、1% 淀粉溶液          现时间
```

⇨ 加热 20～30min,冷却,比较糖脎生成的顺序。取少量糖脎,用显微镜观察晶型

4. 水解反应

```
两支试管中分别加入 1mL 2%      蔗糖:水解时间为 20min,冷
蔗糖与 2 滴 25% 硫酸、1% 淀  ⇨  却后用 5% 碳酸钠调 pH 至中
粉与 2 滴浓盐酸,分别混匀后      性,加入 10 滴班氏试剂,沸
沸水浴加热                       水浴加热,观察现象
```

```
淀粉:每隔 5min 吸出 1 滴用      向体系中加入 10 滴班氏试剂,
碘液检验,观察颜色。不显色  ⇨  沸水浴加热,观察现象
时,取出试管,用 5% 碳酸钠
调 pH 至中性
```

【数据记录与处理】

实验结果表格 1:

试剂	反应现象				
	托伦试剂	斐林试剂	莫利许试剂	塞利凡诺夫试剂	苯肼试剂
葡萄糖					
果糖					
蔗糖					
麦芽糖					
淀粉					

实验结果表格 2:

试剂	反应现象	
	蔗糖+硫酸	淀粉+浓盐酸
班氏试剂		

【问题思考】

1. 如果用蔗糖的水解产物进行糖脎反应，会生成几种糖脎产物？为什么？
2. 用化学方法鉴别葡萄糖、果糖、蔗糖、麦芽糖及淀粉。
3. 蔗糖与托伦试剂长时间加热下有时也可发生银镜反应，为什么？

【注意事项】

1. 莫利许试剂的灵敏度很高，不仅对糖类化合物有阳性反应，实验时滤纸的碎屑、甲酸、草酸、乳酸、丙酮等试剂也可呈现阳性反应，故阳性结果只能表明可能含有糖类，通常利用阴性结果表明糖类不存在。

2. 塞利凡诺夫试剂：向0.1g 1,3-苯二酚中加入100mL浓盐酸与100mL水，混合均匀即可。

3. 塞利凡诺夫试剂通常用于鉴别酮糖，其可与该试剂反应生成鲜红色缩合物。在该实验中，通常酮糖反应的速率比醛糖快十余倍，但若加热时间过长，葡萄糖、麦芽糖、蔗糖等也会出现阳性反应，一般观察颜色或沉淀的时间不能超过加热后20min。

4. 苯肼试剂：200mL水中加入20g苯肼盐酸盐，加热溶解后再加入活性炭脱色，过滤即可。

 知识链接

人体血液中的葡萄糖，称为血糖，其来源途径主要有食物的消化吸收、肝内糖元分解及脂肪和蛋白质的转化。体内血糖水平通常处于动态的变化之中，过高或过低，都会导致人体液体环境失衡，从而增加感染风险。糖尿病就是一种由遗传因素、个体因素及环境因素等共同影响，以高血糖为特征的代谢性疾病，血液中的葡萄糖含量明显增高，会引起各种慢性并发症，如眼病、肾病、足病等。除遗传及环境因素外，个体因素如长期大量摄入高热量食物、长期饮食不规律、熬夜等对糖尿病的发病起着重要的诱导作用，因此坚持预防为主、创新医防协同、健全公共卫生体系、倡导文明健康的生活方式，对糖尿病的防治有着积极的意义。糖尿病患者在患病初期无明显症状，准确检测血糖浓度是目前判断、控制糖尿病的重要依据。血糖检测通常有有创检测、微创检测及无创检测三种方式。有创检测是目前最传统最准确的血糖检测方法，其主要通过采用静脉血，进行电化学或光化学分析；微创检测是以人体体液或组织液替代血液进行分析检测，目前主要有透过皮肤植入型检测与组织液透皮抽取型检测两种技术手段，该方法对材料的要求较高，且对血糖值的直接获取较为困难；无创检测是在不对人体造成伤害的前提下进行血糖检测的方法，主要有光声谱检测法、拉曼光谱检测法、偏振光旋光检测法、红外光检测法等，无创检测目前在测量精度、成本上还存在一定的问题，但其具有使用方便且可连续测量等优点，是近年来研究的热点。

任务20 氨基酸、蛋白质的性质

任务目标

知识目标：
1. 掌握氨基酸及蛋白质的化学性质。
2. 掌握氨基酸及蛋白质的鉴别方法。

能力目标：
1. 能正确操作氨基酸及蛋白质的化学反应。
2. 能利用化学性质鉴别氨基酸及蛋白质。

素质目标：
1. 培养学生独立思考问题、分析问题、解决问题的能力。
2. 培养学生积极进取、追求真理的热情及创新意识。

实验原理

氨基酸是羧酸分子中烃基上的氢被氨基取代后形成的取代羧酸类化合物，具有氨基与羧基两种官能团。氨基酸具有两性，可发生两性电离；不同类型氨基酸受热可分解，生成不同的产物；氨基酸可脱羧成胺，与亚硝酸可发生放氮反应生成羟基酸，氨基酸分子间可脱水生成肽等；α-氨基酸可与水合茚三酮作用使溶液呈紫色，通常用于α-氨基酸的鉴别；除此之外，氨基酸与铜离子作用可显紫蓝色，含苯环的氨基酸与浓硝酸作用可生成白色沉淀，加热后沉淀颜色变为黄色。

蛋白质在结构上是由氨基酸构成的，其也可和氨基酸一样与水合茚三酮发生显色反应。蛋白质在碱性溶液中与稀硫酸铜作用，可显紫色或紫红色，该反应称为缩二脲反应，分子中含有的肽键越多，颜色越深；若蛋白质分子中含有苯环，与浓硝酸作用时可生成黄色产物，遇碱可成盐而呈橙色，称为黄蛋白反应。

在某些物理或化学因素的影响下，蛋白质的结构可发生改变，使蛋白质变性或析出，如蛋白质遇热凝固，与重金属盐、生物碱等作用生成难溶性蛋白盐等。

【仪器和试剂】

仪器：试管、烧杯、酒精灯等。

试剂：1%甘氨酸、1%色氨酸、1%酪氨酸、鸡蛋白溶液、茚三酮试剂、10%氢氧化钠溶液、1%硫酸铜、浓硝酸、20%氢氧化钠、硫酸铵饱和溶液、1%乙酸溶液、5%鞣酸溶液、饱和苦味酸溶液等。

【实验步骤】

1. 茚三酮显色反应

| 四支试管中分别加入 1mL 1% 甘氨酸、1% 色氨酸、1% 酪氨酸及鸡蛋白溶液 | | 各加入 3 滴茚三酮试剂，沸水浴加热 10～15min，观察现象 |

2. 缩二脲反应

| 四支试管中分别加入 10 滴 1% 甘氨酸、1% 色氨酸、1% 酪氨酸、鸡蛋白溶液 | | 各加入 10 滴 10% 氢氧化钠溶液，再加入 2 滴 1% 硫酸铜，水浴加热，观察现象 |

3. 黄蛋白反应

| 在试管中加入 1mL 鸡蛋白溶液，再加入 5 滴浓硝酸，振荡，混合均匀 | | 煮沸 1～2min，观察现象，冷却，加入 2mL 20% 氢氧化钠，观察现象 |

4. 蛋白质的盐析

| 在试管中加入 2mL 鸡蛋白溶液，再加入 2mL 硫酸铵饱和溶液，观察现象 | | 向上述体系中再加入 3mL 蒸馏水，充分振荡，观察现象 |

5.蛋白质的变性

| 两支试管中各加入 2mL 鸡蛋白溶液，再各加入 1% 乙酸溶液至溶液呈酸性 | | 一支加数滴饱和苦味酸溶液，一支加数滴 5% 鞣酸溶液，观察现象 |

【数据记录与处理】

实验结果表格1：

试剂	反应现象			
	甘氨酸	色氨酸	酪氨酸	鸡蛋白溶液
茚三酮 氢氧化钠+硫酸铜				

实验结果表格2：

试剂	反应现象	
	煮沸	氢氧化钠
鸡蛋白+浓硝酸		

实验结果表格3：

试剂	反应现象			
	硫酸铵	水	苦味酸	鞣酸
鸡蛋白				

【问题思考】

1. 氨基酸能否发生缩二脲反应？为什么？
2. 在重金属中毒时为什么可以用牛奶或鸡蛋清等作为解毒剂？
3. 氨基酸与水合茚三酮发生显色反应的原因是什么？

【注意事项】

1. 茚三酮试剂的配制：63mL 乙醇中加入 0.05g 茚三酮。
2. 缩二脲反应中硫酸铜不能滴加过量，否则硫酸铜的蓝色会对紫色产生掩蔽效果。

模块四
有机化合物制备实验

任务21　环己烯的制备

任务目标

知识目标：
1. 掌握环己烯的实验室制备方法及实验中的基本操作技能。
2. 熟悉环己烯制备的实验原理。
3. 了解环己烯的应用。

能力目标：
1. 能利用环己醇制备环己烯。
2. 能熟练进行分馏、盐析、分液、干燥、蒸馏等单元操作。
3. 能利用折光仪测定折射率。

素质目标：
1. 培养学生严谨认真的工作作风与团队协作精神。
2. 培养学生良好的操作习惯与辩证思维能力。

实验原理

烯烃是重要的化工原料，通常可由炔烃还原、维蒂希反应、醇分子内脱水及卤代烃消除反应进行制备。在醇的分子内脱水反应中，往往需使用酸性催化剂，常用的有浓硫酸、磷酸、五氧化二磷、硫酸氢钠、对甲苯磺酸等，在消除脱水过程中，遵循扎依采夫规则。

环己烯常用于制药工业、催化剂溶剂、石油萃取剂及汽油稳定剂等，其实验室合成常以环己醇为原料，在酸催化下加热脱水，生成目标产物，如以水合硫酸氢钠为催化剂，其反应方程式如下：

$$\text{C}_6\text{H}_{11}\text{OH} \xrightarrow[\Delta]{\text{NaHSO}_4 \cdot \text{H}_2\text{O}} \text{C}_6\text{H}_{10} + \text{H}_2\text{O}$$

【仪器和试剂】

仪器：圆底烧瓶、刺形分馏柱、温度计、温度计套管、直形冷凝管、真空接引管、锥形瓶、烧杯、分液漏斗、三角漏斗、蒸馏头、铁圈、铁架台、恒温电热套、阿贝折光仪、冰水浴、量筒、电子秤等。

试剂：环己醇、硫酸氢钠、氯化钠、5%碳酸钠溶液、无水氯化钙、沸石等。

【实验步骤】

1. 环己烯的制备

圆底烧瓶中加入 20mL 环己醇、3g 硫酸氢钠及几粒沸石，按图 2-7 安装分馏装置 ⇨ 接收端置于冰水浴中。缓慢加热至沸腾，控制柱顶温度不超过 90℃

⇨ 控制馏出液速度，当烧瓶中仅剩少量残液、冒白烟、柱顶温度下降时，停止反应

2. 分离、纯化

向锥形瓶中加入氯化钠至馏出液饱和，用 5%碳酸钠溶液调节体系 pH 至弱碱性 ⇨ 转移至分液漏斗分液，有机相倒入干燥锥形瓶中，加入无水氯化钙干燥

⇨ 过滤，按图 2-4 安装蒸馏装置，加适量沸石，收集 82～86℃馏分，测定产品折射率

【数据记录与处理】

使用试剂数据表格：

试剂（或产品）	规格	质量（或体积）
环己醇		
硫酸氢钠		
氯化钠		
5%碳酸钠		
氯化钙		

实验过程数据表格：

项目		项目	
柱顶温度/℃		收集温度/℃	
干燥时间/min		折射率	
馏分体积 $V_{环己烯}$/mL		产率/%	

【问题思考】

1. 在环己烯馏出液中加入氯化钠进行饱和操作的目的是什么？
2. 制备环己烯时为什么要求刺形分馏柱柱顶温度不超过90℃？
3. 在蒸馏时若仪器未干燥，会带来什么影响？
4. 本次实验为什么选择无水氯化钙作为干燥剂？

【注意事项】

1. 环己烯与水可形成沸点为70.8℃的恒沸混合物，环己醇可与水形成沸点为97.8℃的恒沸混合物，故反应中温度不能过高，以免将原料环己醇蒸出。

2. 环己烯干燥时，应不时地振摇锥形瓶，干燥约30min至溶液澄清。如在82℃之前有较多馏分，说明环己烯未完全干燥，应重新进行干燥与蒸馏。纯环己烯为无色透明液体，b.p.为83℃，$n_D^{20} = 1.4465$。

3. 在收集或转移环己烯时，为避免环己烯的挥发，通常需在低温下进行。

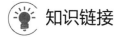
知识链接

环己醇为无色透明油状液体，b.p.为160℃，m.p.为23℃，有类似樟脑与杂醇油的气味，具有吸湿性，可与乙醇、乙酸乙酯等有机物混溶，通常可作为树脂、油漆、橡胶等的溶剂，改善体系的流动性；也可作为工业清洁剂，用于皮革脱脂、毛皮洗涤及金属洗涤等；还可作为原料合成己二酸、己内酰胺、尼龙66等。环己醇具有中枢神经麻醉性与黏膜刺激性，一定浓度的蒸气可产生麻醉作用及对口、鼻、眼等产生刺激，皮肤接触后可引起皮炎、溃疡等。实验室中环己醇可由环己烯经硼氢化-氧化反应进行制备。环己醇环上4号位被叔丁基取代后生成4-叔丁基环己醇，是一种广泛使用在香料香精、医药、农药及化妆品行业中的原料，具有广藿香一样的气味。

任务22　1-溴丁烷的制备

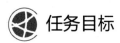 任务目标

知识目标：

1. 掌握1-溴丁烷的实验室制备方法及实验中的基本操作技能。
2. 熟悉1-溴丁烷制备的实验原理。
3. 了解卤代烃的应用。

能力目标：

1. 能利用正丁醇制备1-溴丁烷。
2. 能熟练进行回流、蒸馏、分液等单元操作。
3. 能利用折光仪测定折射率。

素质目标：

1. 培养学生树立正确的环保意识。
2. 培养学生严谨的实验态度及安全观念。

实验原理

卤代烃的化学性质活泼，是有机合成中常用的中间体。卤代烃可通过多种方法进行制备，如烃的卤代、不饱和烃或小环与卤素及卤化氢加成、醇羟基被取代等反应。

1-溴丁烷在合成中主要作为烷基化试剂或反应溶剂，其实验室合成方法主要通过正丁醇与溴化氢进行取代反应而实现，主反应方程式为：

$$NaBr + H_2SO_4 \rightleftharpoons HBr + NaHSO_4$$

$$CH_3CH_2CH_2CH_2OH + HBr \xrightarrow{H_2SO_4} CH_3CH_2CH_2CH_2Br + H_2O$$

可能发生的副反应方程式为：

$$CH_3CH_2CH_2CH_2OH \xrightarrow[\Delta]{H_2SO_4} CH_2=CHCH_2CH_3 + CH_3CH=CHCH_3$$

$$CH_3CH_2CH_2CH_2OH \xrightarrow[\Delta]{H_2SO_4} CH_3CH_2CH_2CH_2-O-CH_2CH_2CH_2CH_3$$

$$2HBr + H_2SO_4 \xrightarrow{\Delta} Br_2 + SO_2 + 2H_2O$$

醇与卤化氢的取代反应为可逆反应，生成的卤代烃也可水解生成醇，故实验中通常采取增大溴化钠的用量及加入过量硫酸等方法。

【仪器和试剂】

仪器：圆底烧瓶、球形冷凝管、导管、三角漏斗、烧杯、恒温电热套、蒸馏头、锥形瓶、温度计、温度计套管、直形冷凝管、分液漏斗、阿贝折光仪、铁圈、铁架台、量筒、电子秤等。

试剂：正丁醇、溴化钠、浓硫酸、10%碳酸钠溶液、无水氯化钙、沸石等。

【实验步骤】

1. 1-溴丁烷的制备

圆底烧瓶中加入 10mL 水，分批加入 14mL 浓硫酸，混匀，冷却至室温，加入几粒沸石 ⇨ 加入 9.2mL 正丁醇与 13g 溴化钠，摇匀，按图 1-4 (d) 搭建回流装置

⇨ 用恒温电热套加热回流 30min，稍冷，补加适量沸石，改成蒸馏装置蒸馏至无油珠馏出

2.分离、纯化

将馏出液转移至分液漏斗，静置分层，分液至干燥锥形瓶中，加入等体积浓硫酸洗涤，混合液转移至分液漏斗 ⇒ 静置分层，分液，放出下层浓硫酸，有机相依次用 12mL 水、12mL 碳酸钠溶液及 12mL 水洗涤

⇒ 将有机相放至干燥锥形瓶中，加入 2g 无水氯化钙干燥 20min 至液体澄清，过滤，滤液放至干燥烧瓶中，加入适量沸石 ⇒ 搭建蒸馏装置，收集 99~103℃馏分，测折射率

【数据记录与处理】

使用试剂数据表格：

试剂（或产品）	规格	质量（或体积）
正丁醇		
浓硫酸		
溴化钠		
10%碳酸钠		
氯化钙		

实验过程数据表格：

项目		项目	
回流温度/℃		收集温度/℃	
回流时间/min		折射率	
馏分体积$V_{1-溴丁烷}$/mL		产率/%	

【问题思考】

1.在后处理过程中，使用浓硫酸、碳酸钠及水洗涤的目的是什么？

2.在加热回流时，反应物呈红棕色的原因是什么？

3.添加原料时，能否先加溴化钠与浓硫酸，再加正丁醇与水？

【注意事项】

1. 反应过程中的溴化氢可用水吸收,气体经导管进入倒置的三角漏斗,漏斗口 4/5 浸入水中。

2. 若馏出液呈红棕色,则其中含有溴,可用饱和亚硫酸氢钠溶液洗涤除去。纯 1-溴丁烷为无色透明液体,b.p. 为 101.6℃, n_D^{20} =1.4401。

3. 馏出液分为两层,1-溴丁烷油层由于密度大通常在下层,但若有未反应的正丁醇蒸出较多或有氢溴酸恒沸物被蒸出,也可使油层悬浮或变为上层,此时加水稀释即可使油层下降。

 知识链接

正丁醇,又称为丁-1-醇,无色透明液体,微溶于水,易溶于乙醇、乙醚等有机溶剂,b.p. 为 117.6℃,m.p. 为 –89℃。正丁醇作为重要的化工原料,在调和汽油、改善油品、提高辛烷值等方面表现出比乙醇更加优秀的性能,作为绿色生物燃料添加剂,具有广阔的应用前景。正丁醇的工业化生产可以乙醇为原料,经化学催化合成制备而得,其机理主要有两种:双分子乙醇缩合机理与格尔伯特机理。双分子乙醇缩合机理中,在碱性催化剂作用下,一分子乙醇 β-H 与另一分子乙醇羟基以水的形式脱去,生成正丁醇;格尔伯特机理则认为乙醇首先被氧化成乙醛,后者发生羟醛缩合生成 β-羟基醛,经脱水、加氢,制得正丁醇。由乙醇制备正丁醇的研究中,均相反应产物选择性高、反应条件温和,但催化剂成本高、回收利用困难,限制了其应用,也使得非均相催化得到了更多的关注。目前国内外非均相催化乙醇制备正丁醇常用的催化剂有镁铝复合氧化物、羟基磷灰石、碱性分子筛、氧化镁及负载型金属催化剂等,但普遍存在催化活性及选择性低、收率不高等缺点,还有待进一步研究优化。

任务23　2-甲基己-2-醇的制备

 任务目标

知识目标:

1. 掌握 2-甲基己-2-醇的实验室制备方法及实验中的基本操作技能。

2.掌握格氏试剂的制备方法。

3.熟悉2-甲基己-2-醇制备的实验原理。

4.了解格氏试剂的应用。

能力目标：

1.能制备格氏试剂。

2.能利用格氏试剂制备2-甲基己-2-醇。

3.能熟练进行回流、蒸馏、萃取等单元操作。

素质目标：

1.培养学生严谨的科学态度与实事求是的工作作风。

2.培养学生分析问题、解决问题的能力。

实验原理

2-甲基己-2-醇通常可通过格氏试剂与丙酮亲核加成制备而得，其主要反应方程式如下：

$$\text{n-C}_4\text{H}_9\text{Br} + \text{Mg} \xrightarrow{\text{无水乙醚}} \text{n-C}_4\text{H}_9\text{MgBr}$$

$$\text{CH}_3\text{COCH}_3 \xrightarrow[\text{无水乙醚}]{\text{n-C}_4\text{H}_9\text{MgBr}} \text{(CH}_3)_2\text{C(OMgBr)C}_4\text{H}_9 \xrightarrow{\text{H}_3\text{O}^+} \text{(CH}_3)_2\text{C(OH)C}_4\text{H}_9$$

该反应需在无水、无氧、无二氧化碳及无活泼氢条件下进行，否则格氏试剂会发生分解，具体如下：

$$\text{n-C}_4\text{H}_9\text{MgBr} \xrightarrow{\text{H}_2\text{O}} \text{n-C}_4\text{H}_{10}$$

$$\text{n-C}_4\text{H}_9\text{MgBr} \xrightarrow{\text{O}_2} \text{n-C}_4\text{H}_9\text{OMgBr}$$

$$\text{n-C}_4\text{H}_9\text{MgBr} \xrightarrow{\text{CO}_2} \text{n-C}_4\text{H}_9\text{COOMgBr}$$

【仪器和试剂】

仪器：三颈烧瓶、恒压滴液漏斗、直形冷凝管、干燥管、单颈烧瓶、蒸馏头、温度计、温度计套管、真空接引管、锥形瓶、磁力加热搅拌器、分液漏斗、水浴皿、电子秤、量筒等。

试剂：镁丝、1-溴丁烷、无水乙醚、丙酮、10%硫酸、5%碳酸钠、碳酸钾等。

【实验步骤】

1. 格氏试剂的制备

| 三颈烧瓶中加入 3.1g 镁丝与 15mL 无水乙醚，连接恒压滴液漏斗与带干燥管的冷凝管 | ⇨ | 恒压滴液漏斗中加入 15mL 无水乙醚与 13.5mL 1-溴丁烷，摇匀 |

⇨ 水浴加热，滴加 3mL 混合液，微沸时开启搅拌，缓慢滴加剩余混合液，保持微沸下回流，滴加完毕，回流 15min 至镁丝溶解

2. 2-甲基己-2-醇的制备

| 冰水浴下由恒压滴液漏斗滴加 10mL 无水乙醚与 9.5mL 丙酮混合液，保持微沸状态 | ⇨ | 滴加完毕后继续搅拌 15min，有灰白色固体析出。漏斗中加入 100mL 10% 硫酸 |

⇨ 分批将 10% 硫酸滴加入三颈烧瓶中，开始要慢，逐渐加快，使反应产物完全分解

3. 分离、纯化

| 将反应液转移至分液漏斗，分出醚层。水层分别以 25mL 乙醚萃取 2 次，合并醚层 | ⇨ | 醚层用 30mL 5% 碳酸钠洗涤 1 次，分液，醚层倒入干燥锥形瓶中 |

⇨ 加碳酸钾干燥，过滤至单颈烧瓶中，先水浴蒸除乙醚，再蒸馏收集 139～143℃馏分

【数据记录与处理】

使用试剂数据表格：

试剂（或产品）	规格	质量（或体积）
镁丝		
无水乙醚		
1-溴丁烷		
丙酮		
硫酸		
碳酸钠		
碳酸钾		

实验过程数据表格：

项目		项目	
格氏试剂回流时间/min		收集温度/℃	
醇制备反应时间/min		理论产量/g	
馏分体积$V_{产物}$/mL		产率/%	

【问题思考】

1. 实验中可能会发生哪些副反应，如何避免？

2. 制备格氏试剂时，为什么采用滴加 1-溴丁烷的方式而不是将其直接全部加入烧瓶？

3. 2-甲基己-2-醇粗品为什么不能用无水氯化钙进行干燥？

【注意事项】

1. 制备格氏试剂所用仪器需干燥，反应装置上也需加装干燥管以隔绝水汽。制备时若反应很慢或不反应，可加 1 粒碘粒引发反应。

2. 镁条使用前应用砂纸打磨去掉氧化镁层，并剪成镁丝使用。

3. 格氏试剂制备中可通过真空泵抽取反应体系内的空气，并在冷凝管上端加装氮气球，以提高格氏试剂的产率。

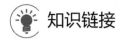 知识链接

金属有机化合物是指结构中含金属-碳键的一类有机化合物,通常将类金属硼、硅、砷等与碳键合的化合物也归为此类。第一个金属有机化合物是Cadet于1760年合成的有机胂化合物,此后蔡斯盐等金属有机化合物相继被合成出来。第一个系统研究金属有机化合物的是英国化学家弗兰克兰(Edward Frankland),其开创了用锌、汞有机化合物制备其它有机物的新领域并提出了金属有机化合物的定义。格氏试剂,又称为格利雅试剂,是一种金属镁有机化合物,最早由法国化学家格利雅(Francois Auguste Victor Grignard)于1901年发现而得名。自1901年至1905年,格利雅从事金属有机化合物的研究工作,相继发表了200余篇有关的文章,1912年,格利雅因发现格利雅试剂与在格利雅反应中的重要贡献,获得诺贝尔化学奖。

金属有机化合物除直接用作合成原料外,还可用作工业催化剂、除草剂、杀虫剂,某些金属有机化合物还表现出了一定的抗癌活性。研究、发展金属有机化合物,对开发新型反应、探究生命本质及推进环境保护等方面具有重要的科学意义。

任务24 乙醚的制备

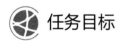 任务目标

知识目标:
1.掌握乙醚的实验室制备方法及实验中的基本操作技能。
2.熟悉乙醚制备的实验原理。
3.了解醚类化合物的安全使用原则。

能力目标:
1.能利用乙醇制备乙醚。
2.能安全使用乙醚。
3.能熟练进行滴加、分液、水浴蒸馏等单元操作。

素质目标:
1.培养学生树立良好的实验安全意识。
2.培养学生观察问题、分析问题及解决问题的能力。

实验原理

醚类化合物的官能团为醚键（C—O—C），实验室中醚的制备方法通常有醇的分子间脱水及卤代烃的醇解反应。本实验乙醚的合成，拟采用乙醇在浓硫酸存在下于140℃进行分子间脱水反应，主要的化学反应方程式如下：

$$\text{CH}_3\text{CH}_2\text{OH} \xrightarrow[140℃]{\text{浓 H}_2\text{SO}_4} \text{CH}_3\text{CH}_2\text{-O-CH}_2\text{CH}_3$$

乙醇在浓硫酸存在下的反应产物类型与反应温度密切相关。通常在90℃以下时乙醇主要与硫酸发生酯化反应生成硫酸氢酯，在140℃下进行分子间脱水生成醚，在更高的温度下，则发生分子内脱水反应生成烯。

【仪器和试剂】

仪器：三颈烧瓶、滴液漏斗、温度计、温度计套管、蒸馏头、空心塞、直形冷凝管、真空接引管、锥形瓶、铁夹、铁架台、冰浴装置、恒温电热套、水浴装置、量筒、分液漏斗等。

试剂：95%乙醇、浓硫酸、10%氢氧化钠溶液、饱和氯化钠溶液、饱和氯化钙溶液、无水氯化钙等。

【实验步骤】

1. 乙醚的制备

三颈烧瓶中加入 20mL 95% 乙醇，再向其中分批缓慢加入 20mL 浓硫酸，混合均匀 ⇨ 按图 4-1 安装实验装置，向滴液漏斗中加入 40mL 95%乙醇

⇨ 加热，升温至 140℃，滴加乙醇，滴加速率与馏出速率基本一致，维持温度在 135～145℃，滴加完毕后继续反应 10min，停止反应

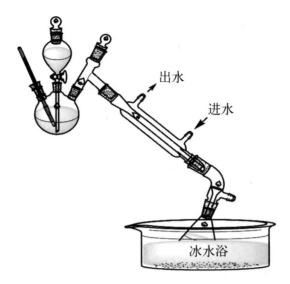

图4-1 乙醚的制备实验装置

2.分离、纯化

将反应液转移至分液漏斗中,用 10mL 10%氢氧化钠溶液洗涤,分液除去水层,醚层用 15mL 饱和氯化钠溶液洗涤 2 次,分液 ⇨ 醚层用 15mL 饱和氯化钙溶液洗涤 1 次,分液,将醚层倒入干燥锥形瓶中。用无水氯化钙干燥,过滤

⇨ 将醚层倒入烧瓶中,加入几粒沸石,组装蒸馏装置,水浴加热,收集 33 ~ 38℃馏分

【数据记录与处理】

使用试剂数据表格:

试剂(或产品)	规格	质量(或体积)
乙醇 浓硫酸 氢氧化钠溶液 饱和氯化钠溶液 饱和氯化钙溶液 无水氯化钙		

实验过程数据表格：

项目		项目	
乙醇滴加时间/min		收集温度/℃	
反应温度/℃		理论产量/g	
馏分体积$V_{乙醚}$/mL		产率/%	

【问题思考】

1. 为什么滴液漏斗的末端要浸入液面以下？

2. 在乙醚制备的后处理步骤中，采取哪些措施除去产物中的杂质？每种试剂的作用是什么？

3. 该制备反应可能存在哪些副反应？如何避免？

【注意事项】

1. 蒸馏收集乙醚时，若有乙醚蒸气未冷凝，可在真空接引管支管上接橡皮管，将蒸气引入吸收水池中，以免发生危险。

2. 制备乙醚时，滴加速度不易过快。乙醇滴加过快，会造成乙醇来不及反应而被蒸出，也会使反应温度下降，影响乙醚的生成。

3. 乙醚属于易燃易爆化学品，在制备及使用操作过程中，严禁使用明火。

 知识链接

醚在常规条件下很难被氧化，但在长时间放置时，大多数醚可缓慢氧化生成过氧化物。过氧化物的稳定性很差，在加热时可引发强烈爆炸。故对久置的醚，在使用前须检查其中是否含过氧化物，方法为：向醚中加入硫酸亚铁铵与硫氰酸钾溶液，振摇后观察颜色，若变鲜红色，则表明有过氧化物存在。醚中的过氧化物可通过二价铁盐洗涤或从浓硫酸中蒸馏的方法除去。

醚是常用的有机溶剂，具有优异的溶解性能，如乙醚、四氢呋喃等，在药物合成中有着广泛的应用。很多药物本身也含有醚键的结构，如恩氟烷，又称为安氟醚，为无色易挥发液体,是一种高效的吸入麻醉剂,起效快、麻醉作用强,对呼吸道黏膜无刺激,毒副作用比较小,一般可用于全身的复合麻醉。其分子结构如下:

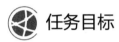

恩氟烷

任务 25 苯乙醚的制备

任务目标

知识目标:
1. 掌握威廉森合成法制备苯乙醚。
2. 熟悉苯乙醚制备的实验原理。
3. 熟悉加热、回流、萃取及蒸馏等基本操作。

能力目标:
1. 能利用苯酚制备苯乙醚。
2. 能熟练进行加热、回流、萃取及蒸馏等单元操作。

素质目标:
1. 培养学生严谨的科学态度与探究精神。
2. 培养学生的动手能力、思维能力与创新能力。

实验原理

苯乙醚为无色油状液,有芳香性气味,不溶于水,易溶于醇或醚等溶剂中。苯乙醚可通过威廉森合成法利用苯酚钠与卤代乙烷发生亲核取代反应进行制备,主要反应方程式如下:

$$\underset{}{\underset{}{C_6H_5OH}} \xrightarrow{NaOH} \underset{}{\underset{}{C_6H_5ONa}} \xrightarrow{C_2H_5Br} \underset{}{\underset{}{C_6H_5OC_2H_5}}$$

【仪器和试剂】

仪器：圆底烧瓶、直形冷凝管、球形冷凝管、微波反应器、分液漏斗、量筒、电子秤、铁夹、铁架台、铁圈、锥形瓶、水浴装置、恒温电热套、蒸馏头、温度计、温度计套管、真空接引管等。

试剂：苯酚、氢氧化钠、溴乙烷、十六烷基三甲基溴化铵、乙醚、5%氢氧化钠溶液、饱和氯化钠溶液、无水氯化钙等。

【实验步骤】

1. 苯乙醚的制备

圆底烧瓶中加 5g 苯酚、2.8g 氢氧化钠及 5mL 水，搭建回流装置，置于微波反应器中 ⇨ 功率为 550W 的条件下加热至 85℃，使反应物呈均一液相，冷却至室温

⇨ 加入 1g 十六烷基三甲基溴化铵、6.2mL 溴乙烷，摇匀，微波功率为 550W 下加热至 65℃ 回流 20min，冷却至室温，加适量水溶解固体

2. 分离、纯化

将反应液转移至分液漏斗，分出有机相。水相用 21mL 乙醚分三次萃取，合并有机相，用 5mL 5% 氢氧化钠溶液洗涤，分液 ⇨ 用等体积的饱和氯化钠溶液洗涤 1 次，分液，有机相用无水氯化钙干燥，过滤，滤液转移至烧瓶中

⇨ 安装蒸馏装置，先水浴加热蒸除乙醚，再改用恒温电热套加热，蒸馏，收集 165～170℃ 馏分

【数据记录与处理】

使用试剂数据表格：

试剂（或产品）	规格	质量（或体积）
苯酚 氢氧化钠固体 十六烷基三甲基溴化铵 溴乙烷 乙醚 5%氢氧化钠溶液 饱和氯化钠溶液 无水氯化钙		

实验过程数据表格：

项目		项目	
微波功率/W		回流反应时间/min	
反应温度/℃		收集温度/℃	
馏分体积 $V_{苯乙醚}$/mL		产率/%	

【问题思考】

1. 使用氢氧化钠溶液洗涤的目的是什么？
2. 用饱和氯化钠溶液洗涤苯乙醚的目的是什么？
3. 蒸除乙醚为何要选择水浴加热的方式？

【注意事项】

1. 加大微波反应器功率，有利于苯酚钠与溴乙烷发生取代反应，但由于溴乙烷的沸点较低，在高功率下会出现暴沸，给实验带来不确定性。

2. 十六烷基三甲基溴化铵在实验中作为相转移催化剂，可帮助反应物从一相转移至可发生反应的另一相中，从而加快异相反应速率。

任务26　环己酮的制备

任务目标

知识目标：
1. 掌握仲醇氧化制备环己酮的方法。
2. 熟悉环己酮制备的实验原理。
3. 熟悉回流、萃取、洗涤、蒸馏等基本操作。

能力目标：
1. 能利用环己醇制备环己酮。
2. 能熟练进行回流、萃取、洗涤及蒸馏等单元操作。

素质目标：
1. 培养学生树立良好的实验安全意识。
2. 培养学生树立正确的环保理念与社会责任意识。

实验原理

环己酮为无色透明液体，微溶于水，有泥土气息，b.p.为155.6℃，是制备尼龙、己内酰胺和己二酸的重要中间体，实验室中可通过仲醇的氧化进行制备，通常可使用的氧化剂有重铬酸钠、三氧化铬、双氧水、次氯酸钠等。本实验以环己醇为原料，以三氯化铁为催化剂，经30%双氧水氧化制得环己酮，主要反应方程式如下：

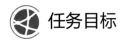

【仪器和试剂】

仪器：三颈烧瓶、圆底烧瓶、恒压滴液漏斗、球形冷凝管、空气冷凝管、温度计、空心塞、温度计套管、水浴皿、磁力加热搅拌器、蒸馏头、真空接引管、锥形瓶、分液漏斗、铁圈、铁夹、铁架台、量筒、电子秤等。

试剂：环己醇、30%双氧水、三氯化铁、氯化钠、无水乙醚、无水碳酸钠等。

【实验步骤】

1. 环己酮的制备

三颈烧瓶中加入 10mL 环己醇、2g 三氯化铁,恒压滴液漏斗中加入 3.1mL 双氧水 ⇒ 按图 4-2 组装实验装置,开启搅拌,缓慢滴加双氧水,控制温度在 55 ~ 60℃

⇒ 滴加完毕,继续反应 30min,将反应液转移至圆底烧瓶中,加入 60mL 水,改成蒸馏装置 ⇒ 蒸馏至馏出液不再浑浊后再多蒸 20mL 停止

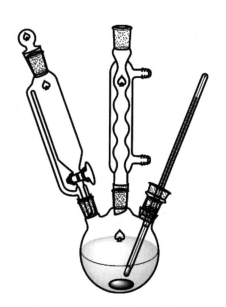

图 4-2 环己酮制备实验装置

2. 分离、纯化

将馏出液用氯化钠饱和,转移至分液漏斗,分液,水层用 15mL 无水乙醚萃取 1 次,合并有机相 ⇒ 用无水碳酸钠干燥有机相,水浴蒸除乙醚后蒸馏,收集 150 ~ 156℃馏分

【数据记录与处理】

使用试剂数据表格：

试剂（或产品）	规格	质量（或体积）
环己醇 三氯化铁 30%双氧水 氯化钠 无水乙醚 无水碳酸钠		

实验过程数据表格：

项目		项目	
滴加时间/min		回流反应时间/min	
反应温度/℃		收集温度/℃	
馏分体积 $V_{环己酮}$/mL		产率/%	

【问题思考】

1. 使用氯化钠饱和馏出液的目的是什么？
2. 除了使用双氧水氧化外，还有哪些氧化剂可以氧化仲醇得到酮？
3. 环己酮的蒸馏中为何使用空气冷凝管？

【注意事项】

1. 环己酮的制备中常用氧化剂为重铬酸钠-硫酸体系，重铬酸钠的氧化性强，且有毒，严重危害环境安全，本实验选用绿色环保型氧化剂双氧水，氧化后生成水，无毒害废弃物产生。

2. 在蒸馏至无油珠出现后，水的蒸出量不能太多，否则即使使用氯化钠进行盐析，也不能避免部分环己酮溶于水而损失。

任务27　肉桂酸的制备

任务目标

知识目标：
1. 掌握普尔金反应制备肉桂酸的方法。
2. 熟悉肉桂酸制备的实验原理。
3. 熟悉回流、熔点测定、萃取、重结晶等基本操作。

能力目标：
1. 能利用普尔金反应制备肉桂酸。
2. 能熟练进行回流、熔点测定、萃取及重结晶等单元操作。

素质目标：
1. 培养学生实事求是、严谨认真的科学态度。
2. 培养学生树立团队意识、增强协作精神。

实验原理

肉桂酸是一种重要的化工原料，其制备方法主要有普尔金反应、苯甲醛-乙烯酮法、苯甲醛-丙二酸法、苯乙烯-四氯化碳法等，本实验拟采用普尔金反应制备肉桂酸。

普尔金（Perkin）反应，是在碱催化下，不含α-H的芳香醛与酸酐发生的类似于羟醛缩合的反应，生成α,β-不饱和芳香酸。肉桂酸的制备主反应方程式如下：

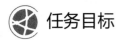

反应中使用的碱性催化剂，通常为羧酸的钾盐或钠盐、叔胺、碳酸钾、碳酸钠、吡啶等。在进行反应时，温度不宜过高，否则易造成肉桂酸脱羧生成苯乙烯，苯乙烯继而在该温度下聚合生成焦油。

【仪器和试剂】

仪器：三颈烧瓶、球形冷凝管、温度计、温度计套管、空心塞、分液漏斗、铁夹、铁架台、恒温电热套等。

试剂：苯甲醛、乙酸酐、无水碳酸钾、浓盐酸、碳酸钠、乙酸乙酯等。

【实验步骤】

1. 肉桂酸的制备

| 三颈烧瓶中加入 10mL 新蒸的苯甲醛、28mL 乙酸酐及 14g 研细的无水碳酸钾粉末 | | 按图 4-3 组装实验装置，用电热套加热，在温度 140～155℃下回流 50min |

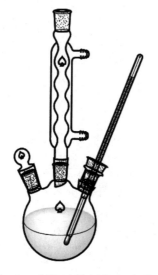

图4-3　肉桂酸的制备实验装置

数字资源4-1
肉桂酸的制备：肉桂酸抽滤操作视频

2. 分离、纯化

| 趁热将反应液倒入盛有 80mL 水的烧杯中，冷却至室温，抽滤，将滤渣溶于 100mL 水中，加热 | | 溶解后，加入碳酸钠调 pH 至 8，移入分液漏斗，用 30mL 乙酸乙酯分 3 次萃取 |

| | 合并水层，用浓盐酸调 pH 至 3，冷却，抽滤，洗涤，得肉桂酸粗品，以水为溶剂重结晶 | | 在 80℃下干燥，称重，用熔点测定仪测定熔点 |

【数据记录与处理】

使用试剂数据表格：

试剂（或产品）	规格	质量（或体积）
苯甲醛 乙酸酐 碳酸钾 碳酸钠 乙酸乙酯 浓盐酸		

实验过程数据表格：

项目		项目	
回流时间/min		熔点/℃	
回流温度/℃		产品质量/g	
重结晶 $V_{水}$/mL		产率/%	

【问题思考】

1. 什么结构的醛可以发生普尔金反应？

2. 普尔金反应中，若使用与酸酐不同的羧酸盐发生催化反应，可得到两种不同结构的反应产物，为什么？

3. 肉桂酸的制备过程中，有时会出现焦油，应如何处理？

4. 如何除去未反应的苯甲醛？

【注意事项】

1. 反应试剂中有乙酸酐，故仪器需干燥无水，否则易造成酸酐水解，影响反应进行。

2. 在反应的起始阶段，反应温度不宜上升太快，以免乙酸酐受热挥发。

3. 肉桂酸为白色晶体，m.p. 为 131～133℃。

知识链接

肉桂酸最早因由肉桂中发现而得名，是一种天然存在的有机羧酸。肉桂酸及其衍生物在医药、食品、化妆品、农业等众多领域有着广泛的应用。肉桂酸可用于合成治疗冠心病的重要药物心可安、心痛平，还可用于合成治疗脑血栓、动脉硬化的肉桂哌嗪；在食品工业中，肉桂酸是国家允许使用的食用香料之一，可用作香味剂、甜味剂，也可用于合成阿斯巴甜；在化妆品工业中，可用于调制苹果香精、樱桃香精等香味剂，肉桂酸及其衍生物具有抑制酪氨酸酶活性的功效，还可充当化学防晒剂；在农业领域中，肉桂酸及肉桂酸酯等还可作为植物生长调节剂、杀虫剂及除草剂，服务于农作物的增产增收。

任务28　己二酸的制备

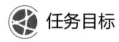 **任务目标**

知识目标：

1. 掌握醇氧化制备己二酸的方法。
2. 熟悉己二酸制备的实验原理。
3. 熟悉回流、水浴、抽滤、重结晶、熔点测定等基本操作。

能力目标：

1. 能利用环己醇氧化反应制备己二酸。
2. 能熟练进行回流、水浴、抽滤、重结晶、熔点测定等单元操作。

素质目标：

1. 培养学生树立良好的绿色环保意识。
2. 培养学生观察问题、分析问题及解决问题的能力。

实验原理

己二酸是制备尼龙66、聚氨酯泡沫塑料等的重要原料之一，实验室中常以环己醇为原料，通过硝酸、高锰酸钾等氧化进行制备。用硝酸氧化时，会生成大量的二氧化氮有毒气体，且放热明显，反应剧烈，实验风险较大。本实验采用高锰酸钾为氧化剂，将环己醇先氧化为酮，继续氧化，生成己二酸，主要化学反应方程式如下：

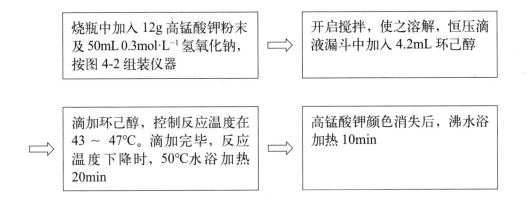

【仪器和试剂】

仪器：三颈烧瓶、温度计、温度计套管、恒压滴液漏斗、球形冷凝管、磁力加热搅拌器、水浴皿、布氏漏斗、抽滤瓶、烧杯、量筒、电子秤、旋转蒸发仪、梨形瓶、蒸发皿等。

试剂：环己醇、0.3mol·L^{-1}氢氧化钠、高锰酸钾、浓硫酸、10%碳酸氢钠溶液等。

【实验步骤】

1. 己二酸的制备

烧瓶中加入12g高锰酸钾粉末及50mL 0.3mol·L^{-1}氢氧化钠，按图4-2组装仪器 ⇨ 开启搅拌，使之溶解，恒压滴液漏斗中加入4.2mL环己醇

⇨ 滴加环己醇，控制反应温度在43～47℃。滴加完毕，反应温度下降时，50℃水浴加热20min ⇨ 高锰酸钾颜色消失后，沸水浴加热10min

2. 分离、纯化

【数据记录与处理】

使用试剂数据表格：

试剂（或产品）	规格	质量（或体积）
高锰酸钾 氢氧化钠 环己醇 碳酸氢钠 浓硫酸		

实验过程数据表格：

项目		项目	
滴加时间/min		熔点/℃	
反应温度/℃		产品质量/g	
pH值		产率/%	

【问题思考】

1. 在滴加环己醇时速度要慢，为什么？

2. 在趁热抽滤时，为什么要用碳酸氢钠溶液洗涤滤饼？

3. 环己醇用三氧化铬氧化可制备环己酮，用高锰酸钾氧化可制备己二酸，为什么？

【注意事项】

1. 高锰酸钾与环己醇在发生氧化反应时会剧烈放热，可能会造成反应液冲料，故应小心地控制环己醇的滴加速度。

2. 50℃水浴加热须在反应温度不再上升之后才可进行。

3. 纯己二酸为白色棱状晶体，m.p. 为153℃。

任务29　乙酰水杨酸的制备

任务目标

知识目标：
1. 掌握醇解反应制备乙酰水杨酸的方法。
2. 熟悉乙酰水杨酸制备的实验原理。
3. 熟悉水浴、抽滤、重结晶、熔点测定等基本操作。

能力目标：
1. 能利用乙酸酐醇解反应制备乙酰水杨酸。
2. 能熟练进行水浴、抽滤、重结晶、熔点测定等单元操作。

素质目标：
1. 培养学生良好的动手能力、思维能力、创新能力与探究精神。
2. 培养学生的环保意识及绿色化学观念。

实验原理

乙酰水杨酸，俗称阿司匹林，属于非甾体抗炎药，可用于解热、镇痛、抗血栓，可降低心肌梗死及脑卒中死亡率。乙酰水杨酸通常可由水杨酸与乙酸酐经醇解反应而制得，其主要化学反应方程式如下：

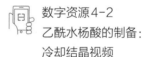
数字资源4-2
乙酰水杨酸的制备：
冷却结晶视频

$$\underset{}{\text{水杨酸}} \xrightarrow[\text{催化剂}]{(CH_3CO)_2O} \underset{}{\text{乙酰水杨酸}} + CH_3COOH$$

该反应常用的催化剂有草酸、醋酸、三氟甲磺酸、柠檬酸、磷酸、浓硫酸等酸性催化剂及三乙胺、氢氧化钠、碳酸钠、尿素等碱性催化剂，也可使用如离子液体、酸活化膨润土及分子筛等

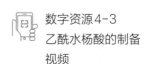
数字资源4-3
乙酰水杨酸的制备
视频

催化该反应。

【仪器和试剂】

仪器：三颈烧瓶、直形冷凝管、温度计、温度计套管、量筒、电子秤、水浴皿、铁夹、铁架台、磁力加热搅拌器、烧杯、干燥管等。

试剂：水杨酸、尿素、乙酸酐、碳酸氢钠、浓盐酸、95%乙醇、TLC硅胶板、50%乙醇等。

【实验步骤】

1. 乙酰水杨酸的制备

烧瓶中加入10g水杨酸、18mL乙酸酐及1g尿素，按图1-4（c）组装装置，75℃水浴加热 ⇨ 搅拌，反应用TLC硅胶板监控至终点。反应结束，趁热将反应液倒入烧杯中

⇨ 加入50mL冷水，用碳酸氢钠调节pH至8，抽滤。将滤液转入烧杯中，用浓盐酸调pH至2 ⇨ 冰水浴中冷却至晶体完全析出，抽滤

2. 分离、纯化

将粗品倒入烧杯中，加入约12mL 95%乙醇，热水浴中溶解至澄清，加适量水至刚好浑浊 ⇨ 再加乙醇至刚好溶液澄清，冷却至室温后，置于冰水浴中冷却，析出结晶

⇨ 抽滤，用少量50%乙醇洗涤，将产品转移至表面皿中，置于红外干燥箱干燥，称重，测定熔点

【数据记录与处理】

使用试剂数据表格：

试剂（或产品）	规格	质量（或体积）
水杨酸
乙酸酐
尿素
碳酸氢钠
浓盐酸
95%乙醇		

实验过程数据表格：

项目		项目	
反应温度/℃		熔点/℃	
反应时间/min		产品质量/g	
干燥时间/min		产率/%	

【问题思考】

1. 乙酰水杨酸制备过程中加入尿素的目的是什么？
2. 粗产品中可能存在什么副产物，如何将其除去？
3. 使用混合溶剂对乙酰水杨酸进行重结晶时，如何确定混合溶剂中各组分的比例？

【注意事项】

1. 制备所用仪器需干燥，反应温度不宜过高，否则副产物会增多。
2. 使用浓盐酸酸化滤液，可使乙酰水杨酸游离出来，其水溶性较小，可方便从溶液中析出。
3. 纯乙酰水杨酸为白色针状晶体，m.p.为136℃。但乙酰水杨酸在128～135℃受热易分解，故测定熔点时，通常可将起始温度设置在120℃左右，再放入熔点管进行测定。

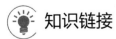知识链接

乙酰水杨酸最早是由法国化学家热拉尔利用水杨酸与乙酸酐在实验室中合成的，

德国化学家霍夫曼最早将其应用于风湿疾病的治疗,自1899年乙酰水杨酸首次应用于临床至今已有百余年,在越来越多的医疗领域都显示出了非常好的疗效,更因为其制备原料易得、价廉,制备工艺简单,使其具有广阔的发展前景。

乙酰水杨酸是应用最早、最广的解热镇痛药、抗风湿药,同时还可促进痛风患者尿酸排泄、抗血小板聚集以及治疗胆道蛔虫。除此之外,随着对乙酰水杨酸研究的深入,发现其还具有抑制肿瘤细胞的功效,可用于癌症治疗;在应对糖尿病及并发心脑血管疾病方面,研究发现小剂量的乙酰水杨酸可使血小板中的环氧化酶部分乙酰化,降低患者体内凝血素水平,使心脑血管疾病得以被良好控制;乙酰水杨酸还可通过抑制用于合成前列腺素的环氧化酶活性,进而抑制前列腺素的合成,还可用于防治老年痴呆。

任务30　乙酸乙酯的制备

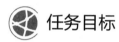

任务目标

知识目标:
1. 掌握乙酸乙酯的实验室制备方法。
2. 掌握分馏、蒸馏、洗涤、萃取等实验操作技术。
3. 熟悉乙酸乙酯制备的原理。

能力目标:
1. 能利用乙酸与乙醇通过酯化反应制备乙酸乙酯。
2. 能正确进行分馏、蒸馏、洗涤、萃取等单元操作。

素质目标:
1. 培养学生的实践动手能力与科学的探究精神。
2. 培养学生养成良好的团队协作精神。

实验原理

乙酸乙酯,又名醋酸乙酯,为无色有水果香味的液体,沸点为77.1℃,折射率 n_D^{20} 为1.3723,可用作人造珍珠制造的黏结剂、药物合成的原料及溶剂、有机合成的萃取剂，也可用于制作香精。

乙酸乙酯通常可由乙酸与乙醇在酸的催化下发生酯化反应而制得，其反应方程式如下：

$$CH_3COOH + CH_3CH_2OH \xrightleftharpoons{H^+} CH_3COOC_2H_5 + H_2O$$

常用的酸性催化剂有质子酸如硫酸、路易斯酸如硫酸氢钠及酸性离子液体等。羧酸与醇在酸性条件下的酯化反应为可逆反应，为使反应朝正方向进行，提高乙酸乙酯的产率，通常可采用升高反应温度、使反应原料之一过量及降低产物浓度的方法。本实验中，为避免乙醇发生分子间脱水反应，酯化反应的温度通常选择在110～120℃左右；基于成本考虑，选择乙醇过量，促使反应向生成乙酸乙酯的方向进行；在反应的同时进行分馏，将产物蒸出反应体系，降低反应体系中乙酸乙酯的浓度，使反应正向进行。

酯化反应中馏出液除含乙酸乙酯与水外，还可能存在乙醇、乙酸或乙醚。粗产品后处理过程中，可通过加入碱、氯化钙及水洗等，除去粗产品中所含杂质，最后通过蒸馏，收集73～78℃馏分，得到乙酸乙酯，用阿贝折光仪测定产品的折射率，验证其纯度。

【仪器和试剂】

仪器：三颈烧瓶、圆底烧瓶、韦氏分馏柱、温度计、直形冷凝管、真空接引管、恒温电热套、锥形瓶、温度计套管、升降台、恒压滴液漏斗、量筒、电子秤、空心塞、玻璃棒、烧杯、药匙、蒸馏头、分液漏斗、阿贝折光仪、擦镜纸、三角玻璃漏斗等。

试剂：95%乙醇、硫酸氢钠、乙酸、饱和碳酸钠溶液、饱和食盐水、饱和氯化钙溶液、无水硫酸镁、沸石等。

【实验步骤】

1. 乙酸乙酯的制备

| 向三颈烧瓶中加入硫酸氢钠1.6g、95%乙醇20mL及沸石2～3粒，按图4-4搭建装置 | | 量取20mL 95%乙醇及20mL乙酸，置于恒压滴液漏斗中，摇匀 |

⇨ 回流反应，当馏出液馏出时，滴液漏斗中混合液的滴加速度与馏出液馏出速度大致相当 ⇨ 控制反应温度于 90～110℃ 区间

⇨ 滴加完毕，记录滴加时间及反应温度。继续升温至 120℃，反应数分钟后，停止反应 ⇨ 待锥形瓶中无液体滴落时拆除装置，记录体积

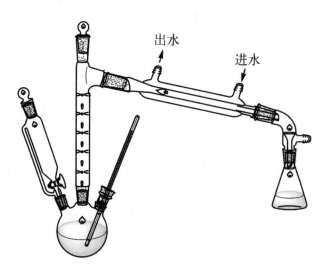

图 4-4　乙酸乙酯的制备实验装置

2. 分离、纯化

⇨ 测定粗产品 pH 值，用饱和碳酸钠溶液调 pH 值至中性，转移至分液漏斗中，加入 20mL 饱和食盐水，洗涤 ⇨ 振摇、放气、静置、分层后分液，舍去下层液。向分液漏斗中加入 20mL 饱和氯化钙溶液，洗涤

⇨ 洗涤后分液，舍去下层液。再向分液漏斗中加入 20mL 水，洗涤 ⇨ 经振摇、放气、静置、分层后分液，舍去下层液

⇨ 将有机相转移至干燥锥形瓶中，加入适量无水硫酸镁干燥，过滤至圆底烧瓶中 ⇨ 蒸馏，收集 73～78℃馏分，测定体积，测折射率

【数据记录与处理】

使用试剂数据表格：

试剂（或产品）	规格	质量（或体积）
95%乙醇		
乙酸		
硫酸氢钠		
饱和碳酸钠溶液		
饱和食盐水		
饱和氯化钙溶液		
水		
硫酸镁		

实验过程数据表格：

项目		项目	
滴加时间/min		反应温度/℃	
粗品体积$V_{乙酯}$/mL		粗品pH	
收集温度/℃		乙酸乙酯体积$V_{得}$/mL	
折射率		产率/%	

【问题思考】

1. 酯化反应的特点是什么？
2. 实验中可采取哪些措施控制平衡的移动？
3. 酯化反应中可采用哪些催化剂？
4. 使用饱和食盐水、饱和氯化钙溶液及水洗涤乙酸乙酯粗品的目的分别是什么？

【注意事项】

1. 利用乙酸乙酯与水、乙醇形成低沸点恒沸混合物，通过分馏可将其很容易地从反应体系中蒸馏出。

2. 乙酸乙酯的制备实验中，乙醇与乙酸混合液的滴加速度不宜过快，否则会使部分乙酸与乙醇来不及反应而被蒸出。

任务 31　乙酰苯胺的制备

任务目标

知识目标：
1. 掌握乙酰苯胺的实验室制备方法。
2. 掌握分馏、热液倾倒、重结晶等实验操作技术。
3. 熟悉乙酰苯胺制备的原理。

能力目标：
1. 能以苯胺与乙酸为原料制备乙酰苯胺。
2. 能正确进行分馏、热液倾倒、重结晶等单元操作。

素质目标：
1. 培养学生的实践动手能力与科学的探究精神。
2. 培养学生树立良好的环保理念与社会责任意识。

实验原理

乙酰苯胺，又称为退热冰，曾用作退热药，是制药、染料等工业领域重要的化工原料，可通过苯胺与酰基化试剂发生胺的酰基化反应而制得。本实验采用乙酸酰基化苯胺的方法，制备乙酰苯胺，乙酸作为酰基化试剂，价格便宜、条件易控制、操作简便，主要反应方程式如下：

数字资源4-4
乙酰苯胺的制备视频

$$\text{C}_6\text{H}_5\text{NH}_2 + \text{CH}_3\text{COOH} \xrightarrow{\text{Zn}} \text{C}_6\text{H}_5\text{NHCOCH}_3 + \text{H}_2\text{O}$$

除乙酸为酰基化试剂外，还可使用乙酰氯、乙酸酐等作为酰基化反应试剂。反应过程中为防止苯胺的氧化，通常向体系中加入少量的锌粉，但加入量不能太多，否则可产生氢氧化锌沉淀，影响反应产物的质量。

【仪器和试剂】

仪器：圆底烧瓶、刺形分馏柱、温度计、温度计套管、直形冷凝管、真空接引管、锥形瓶、量筒、烧杯、电炉、电子秤、布氏漏斗、抽滤瓶、循环水真空泵、红外干燥箱等。

试剂：新蒸苯胺、乙酸、锌粉、活性炭等。

【实验步骤】

向圆底烧瓶中加入 8mL 新蒸苯胺、12mL 乙酸及 0.1g 锌粉，按图 2-7 搭建实验装置 ⇨ 加热，保持微沸 15min，回流反应 1~1.5h，控制温度在 100~110℃

⇨ 搅拌下趁热将反应液倾入盛有 100mL 冷水的烧杯中，冷却至室温，抽滤，洗涤 ⇨ 用 100mL 热水重结晶，抽滤，干燥，称重

【数据记录与处理】

使用试剂数据表格：

试剂（或产品）	规格	质量（或体积）
苯胺 乙酸 锌粉 热水 活性炭		

实验过程数据表格：

项目		项目	
微沸时间/min		反应温度/℃	
回流时间/min		产品质量/g	
干燥时长/min		产率/%	

【问题思考】

1.苯胺与乙酸反应的温度为何在100～110℃，过高会有何影响？
2.如何在实验中提高乙酰苯胺的产率？
3.实验过程中为什么要用新蒸过的苯胺参与反应？

【注意事项】

1.长期放置的苯胺会因部分氧化而呈现一定的颜色，直接使用会造成反应产率降低。
2.苯胺在加热情况下很容易被氧气氧化，故需加入锌粉，防止此类反应发生，但锌粉的加入量不能太多，否则在后续处理过程中易产生氢氧化锌沉淀。
3.重结晶加热溶解时若产生油状物，可补加溶剂继续加热至乙酰苯胺完全溶解。
4.乙酰苯胺为白色片状晶体，m.p.为114.3℃。

任务32　对氨基苯甲酸乙酯的制备

 任务目标

知识目标：
1.掌握多步反应制备对氨基苯甲酸乙酯的方法。
2.掌握回流、过滤、重结晶等实验操作技术。
3.熟悉对氨基苯甲酸乙酯制备的原理。

能力目标：
1.能以对硝基苯甲酸为原料制备对氨基苯甲酸乙酯。
2.能正确进行回流、过滤、重结晶等单元操作。

素质目标：
1.培养学生的创新思维、创新能力与安全意识。
2.培养学生的实践动手能力及养成良好的实验习惯。

实验原理

对氨基苯甲酸乙酯，又称为苯佐卡因，白色针状晶体，微溶于水，易溶于乙醇、乙醚等有机溶剂，通常可用作止痛剂或局部麻醉剂，也可作为奥索仿、普鲁卡因等的前体原料。实验室中常以对硝基苯甲酸为原料，先经酯化生成对硝基苯甲酸乙酯，然后经还原，生成对氨基苯甲酸乙酯，主要反应方程式如下：

$$\text{对硝基苯甲酸} + C_2H_5OH \xrightleftharpoons{H_2SO_4} \text{对硝基苯甲酸乙酯} \xrightarrow{Fe/HAc} \text{对氨基苯甲酸乙酯}$$

【仪器和试剂】

仪器：三颈烧瓶、圆底烧瓶、球形冷凝管、磁力加热搅拌器、干燥管、布氏漏斗、抽滤瓶、量筒、烧杯、研钵、电子秤、熔点测定仪等。

试剂：对硝基苯甲酸、无水乙醇、95%乙醇、浓硫酸、铁粉、乙酸、无水氯化钙、碳酸钠、50%乙醇、活性炭、5%碳酸钠等。

【实验步骤】

1. 对硝基苯甲酸乙酯的制备

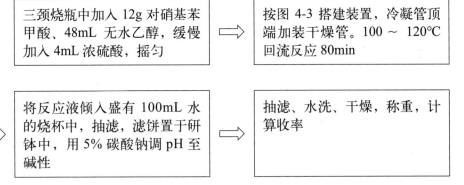

2. 对氨基苯甲酸乙酯的制备

3. 分离、纯化

将粗品置于装有球形冷凝管的圆底烧瓶中，按 $10mL \cdot g^{-1}$ 加入 50%乙醇，加热溶解 ⇒ 稍冷，加入活性炭脱色，回流 20min，趁热抽滤，滤液转移至烧杯中

⇒ 室温下冷却，结晶完全后，抽滤，用少量50%乙醇洗涤数次，干燥，称重，测熔点

【数据记录与处理】

使用试剂数据表格：

试剂（或产品）	规格	质量（或体积）
对硝基苯甲酸		
无水乙醇		
浓硫酸		
5%碳酸钠		
铁粉		
乙酸		
95%乙醇		
碳酸钠		
50%乙醇		
活性炭		

实验过程数据表格：

项目		项目	
酯化回流温度/℃		对硝基苯甲酸乙酯质量/g	
酯化回流时间/min		对硝基苯甲酸乙酯产率/%	
还原回流温度/℃		对氨基苯甲酸乙酯质量/g	
还原回流时间/min		对氨基苯甲酸乙酯熔点/℃	
脱色时长/min		对氨基苯甲酸乙酯产率/%	

【问题思考】

1. 铁/酸体系还原硝基至氨基的机理是什么？
2. 对硝基苯甲酸乙酯后处理中加碳酸钠溶液的目的是什么？

【注意事项】

1. 酯化反应应在无水条件下进行，仪器或试剂中的水分会造成产率降低，需要时，可在反应装置球形冷凝管顶端加装附有无水氯化钙的干燥管，以隔绝空气中的水汽对反应的影响。

2. 还原反应中的铁粉应预先处理，其预处理方法为：取铁粉适量置于烧杯中，按 $2.5mL \cdot g^{-1}$ 加入2%盐酸，加热至微沸，抽滤，用水洗至pH为 5～6，烘干、备用。

3. 纯对氨基苯甲酸乙酯的m.p.为 88～90℃。

  知识链接

由于药物中毒或其他化学物质等因素的影响，人体血红蛋白中的亚铁离子被氧化至三价铁，形成高铁血红蛋白（MHb），正常人体MHb占总量1%左右，当血液中MHb超过10%，由于其不可携带氧或可逆释放氧，引发高铁血红蛋白血症。高铁血红蛋白血症的主要症状及体征包括疲乏、头痛、紫绀、呼吸急迫、心动过速、心肌梗死、意识改变、弥漫性缺氧性脑损害及其导致某些病例死亡等。2011年8月，国家药品不良反应监测中心发布了第39期《药品不良反应信息通报》，通报指出国外如美国、加拿大等发布了含苯佐卡因的产品与2岁以下儿童的高铁血红蛋白血症风险的信息公告，涉及剂型主要包括苯佐卡因凝胶、喷剂及溶液剂等。国内苯佐卡因类产品多为非处方药制剂，药品使用者应注意相关使用风险，安全用药，增强自我健康管理能力。

任务33 乙酸丁酯的制备

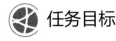 任务目标

知识目标：

1. 掌握乙酸丁酯的实验室制备方法及实验中的基本操作技能。

2.熟悉利用平衡移动原理提高可逆反应产率的实验原理。

3.掌握恒沸蒸馏分水法的原理。

能力目标：

1.能利用乙酸和丁醇制备乙酸丁酯。

2.能熟练使用分水器（油水分离器）。

3.能熟练进行回流分水、液体洗涤及液体干燥等单元操作。

素质目标：

1.培养学生的实践动手能力与科学的探究精神。

2.培养学生养成良好的团队协作精神。

实验原理

乙酸丁酯是一种无色有果香味的液体，易燃，其蒸气与空气混合，可形成爆炸性混合物，它天然存在于许多蔬菜、水果中，也存在于烤烟叶、烟气中。它是优良的有机溶剂，广泛应用于涂料工业，如硝化纤维清漆中，在人造革、织物及塑料加工过程中用作溶剂；同时也作为香料，大量用于配制香蕉、梨、菠萝、杏、桃及草莓等型香精，亦可用作天然胶和合成树脂等的溶剂。

本实验采用浓硫酸作为催化剂，由乙酸和正丁醇反应生成乙酸丁酯。主要化学反应方程式如下：

$$CH_3COOH + CH_3CH_2CH_2CH_2OH \underset{\triangle}{\overset{H_2SO_4}{\rightleftharpoons}} CH_3COOCH_2CH_2CH_2CH_3 + H_2O$$

当反应温度较高时，有副反应发生：

$$2\,CH_3CH_2CH_2CH_2OH \underset{\triangle}{\overset{H_2SO_4}{\rightleftharpoons}} CH_3CH_2CH_2CH_2OCH_2CH_2CH_2CH_3$$

$$CH_3CH_2CH_2CH_2OH \underset{\triangle}{\overset{H_2SO_4}{\rightleftharpoons}} CH_3CH_2CH=CH_2$$

丁醇在浓硫酸存在下的反应产物类型与反应温度密切相关。在140℃下进行分子间脱水生成醚，在更高的温度下，则发生分子内脱水反应生成烯烃。

酯化反应进行到一定程度后达到动态平衡，为了提高产率，可采用增加乙酸或丁醇的用量，或将生成物从反应体系中蒸出的方法使反应平衡向右移动。由于乙酸比丁醇便宜，且后续精制时乙酸更易处理，本实验采用乙酸过量使反应平衡向右移动；利用分水器可将生成的水及时除去，该操作不仅可以除去水，还可增大反应产率。同时，由于浓硫酸具有吸水性，使用过量的浓硫酸，有利于反应向右进行。该反应蒸出的乙酸丁酯混有丁醇、乙酸、水等杂质，需后续进行处理。

【仪器和试剂】

仪器：圆底烧瓶、分水器、温度计、温度计套管、蒸馏头、空心塞、球形冷凝管、真空接引管、锥形瓶、铁夹、铁架台、分液漏斗、滴管、电子天平、恒温电热套、量筒等。

试剂：正丁醇、乙酸、浓硫酸、10%碳酸钠溶液、无水硫酸镁等。

【实验步骤】

1. 乙酸丁酯的制备

向圆底烧瓶中加入13.6mL正丁醇、9.5mL乙酸及5滴浓硫酸，混合均匀，加入2粒沸石 ⇒ 按图4-5安装实验装置，向分水器中加水至侧管位置，用滴管取出2.7mL水，标记水位

⇒ 加热回流，记第一滴回流液滴下时的时间，控制回流速度为1～2滴/s，当分水器中水位不再上升时，停止反应

图4-5 乙酸丁酯的制备实验装置

2.分离、纯化

将分水器中有机相与烧瓶中反应液转移至分液漏斗中,用 10mL 水洗涤,分液,酯层用 10mL 10% 碳酸钠溶液洗涤 ⇒ 分液,酯层用 10mL 水洗涤 1 次,分液,将酯层倒入 50mL 干燥锥形瓶中。加入无水硫酸镁干燥

⇒ 过滤,将滤液倒入 50mL 干燥烧瓶中,加入几粒沸石,组装蒸馏装置,加热,收集 124～126℃馏分

【数据记录与处理】

使用试剂数据表格:

试剂(或产品)	规格	质量(或体积)
正丁醇		
乙酸		
浓硫酸		
10%碳酸钠溶液		
无水硫酸镁		

实验过程数据表格:

项目		项目	
反应时间/min		收集温度/℃	
加热器设置温度/℃		理论产量/g	
馏分体积$V_{乙酸丁酯}$/mL		产率/%	

【问题思考】

1.酯化反应有什么特点?实验中采用什么措施使反应向正向进行?
2.洗涤过程中为什么使用碳酸钠而不使用氢氧化钠?
3.该制备反应可能存在哪些副反应?如何避免?
4.在精制过程中,若前馏分过多,试分析原因有哪些。

【注意事项】

1.加入的浓硫酸要少量,以防丁醇被氧化和炭化,且要边加边摇。

2.冰醋酸在温度较低时会凝结成固体,使用时可用温水加热熔化后使用,注意不要碰到皮肤。

3.反应装置及蒸馏装置需干燥后使用。分水器中预先加入水,并做好标记,反应过程中及时将生成的水放出,使分水器的水位维持在标记位置,根据分出水量可估算酯化反应完成的程度,也可根据出水量与理论产量比较得到。

4.反应开始后控制好升温速度,以防乙酸被过多蒸出。

任务 34　甲基橙的制备

任务目标

知识目标:

1.学习重氮盐制备技术,了解重氮盐制备的控制条件。

2.掌握重氮盐偶联反应的条件。

3.掌握甲基橙制备的原理及实验方法。

能力目标:

1.能制备重氮盐。

2.能制备甲基橙。

3.能熟练进行抽滤、洗涤、搅拌等基本操作。

素质目标:

1.培养学生严谨的科学态度与良好的实验素养。

2.培养学生观察、分析、解决问题的思维与能力。

实验原理

甲基橙常用作染料,也是一种酸碱指示剂。实验室中甲基橙通常由对氨基苯磺酸与氢氧化钠作用生成易溶于水的盐,再与 HNO_2 重氮化,然后与 N,N-二甲基苯胺发生偶联反应得到。

甲基橙制备相关的反应方程式：

$HO_3S-C_6H_4-NH_2 \xrightarrow[0\sim 5℃]{NaNO_2+HCl} HO_3S-C_6H_4-N_2^+Cl^-$

$HO_3S-C_6H_4-N_2^+Cl^- + C_6H_5-N(CH_3)_2$

$\xrightarrow{HAc} [HO_3S-C_6H_4-N=N-C_6H_4-NH(CH_3)_2]Ac$

$\xrightarrow{NaOH} HO_3S-C_6H_4-N=N-C_6H_4-N(CH_3)_2$

【仪器和试剂】

仪器：100mL 烧杯、抽滤瓶、布氏漏斗、温度计、玻璃棒、电子秤、量筒、电炉、滴液漏斗等。

试剂：对氨基苯磺酸、5%NaOH、N,N-二甲基苯胺、$NaNO_2$、浓盐酸、10% NaOH、pH 试纸、乙醚、95% 乙醇、乙酸、0.4%NaOH 等。

【实验步骤】

1. 对氨基苯磺酸重氮盐的合成

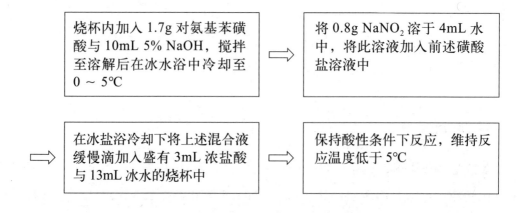

⇨ 滴加完毕后，在冰盐浴中反应15min，用淀粉-碘化钾试纸检验溶液中有无过量亚硝酸

2. 甲基橙的合成

滴液漏斗中加入1.3mL N,N-二甲基苯胺与1mL乙酸，缓慢滴入上述冷却的重氮盐中 ⇨ 搅拌反应液，滴加完毕后继续剧烈搅拌10min，使之完全反应

3. 分离、纯化

取出烧杯，搅拌下加入10%氢氧化钠至产物变橙色，沸水浴中加热5min，陈化固体 ⇨ 冷却、结晶、抽滤，依次用水、95%乙醇及乙醚洗涤，抽滤，得粗品

⇨ 以0.4%氢氧化钠溶液重结晶（每克粗品约需20mL），抽滤，冷水洗涤，称重

【数据记录与处理】

使用试剂数据表格：

试剂（或产品）	规格	质量（或体积）
对氨基苯磺酸 5%NaOH 亚硝酸钠 浓盐酸 N,N-二甲基苯胺 乙酸 10%NaOH 0.4%NaOH		

实验过程数据表格：

项目		项目	
重氮化滴加时间/min		重氮化反应温度/℃	
偶联反应时间/min		实际产量/g	
理论产量/g		产率/%	

【问题思考】

1. 重氮化反应为什么要在 0～5℃下进行？
2. 解释甲基橙在酸碱介质中变色的原因，并用反应式表示。

【注意事项】

1. 对氨基苯磺酸是两性化合物，其酸性略强于碱性，所以它能溶于碱中而不溶于酸中。但重氮化时，又要在酸性溶液中进行，因此反应时，首先将对氨基苯磺酸与碱作用变成水溶性较大的磺酸盐。

2. 要注意试剂的加入次序，反应时控制好温度于 0～5℃，控制好试剂的滴加速度。

3. 若淀粉-碘化钾试纸不显蓝色，尚需补充亚硝酸钠溶液。

4. 湿的甲基橙在空气中受光的照射后，颜色很快变深，所以一般得紫红色粗产物。

5. 重氮化反应中，溶液酸化时生成亚硝酸，同时，对氨基苯磺酸钠变为对氨基苯磺酸从溶液中以细粒状沉淀析出，并立即与亚硝酸作用，发生重氮化反应，生成粉末状的重氮盐。为了使对氨基苯磺酸完全重氮化，反应过程必须不断搅拌。

6. 重结晶操作要迅速，否则由于粗产物呈碱性，在温度高时易变质，颜色变深。用乙醇洗涤的目的是使其迅速干燥。

任务35　呋喃甲酸与呋喃甲醇的制备

任务目标

知识目标：

1. 掌握由康尼查罗反应制备呋喃甲酸与呋喃甲醇的方法及实验基本操作技能。

2.熟悉康尼查罗反应。

3.了解呋喃类化合物的基本属性及康尼查罗反应的应用。

能力目标：

1.能利用康尼查罗反应制备相应的醇和酸。

2.能熟练进行搅拌、滴加、萃取、蒸馏、减压抽滤等单元操作。

素质目标：

1.培养学生严谨认真、实事求是的科学态度与探究精神。

2.培养学生的创新意识与创新能力。

实验原理

呋喃甲酸，又称糠酸，可用作医药中间体合成抗生素。另外，呋喃甲酸也可作为防腐剂用于食品工业，作为增塑剂用于塑料工业，作为香料中间体用于香料合成等。本实验呋喃甲酸和呋喃甲醇的制备，是在浓碱NaOH作用下，以呋喃甲醛为原料，利用康尼查罗反应实现的。反应方程式如下：

$$2\,\text{furan-CHO} \xrightarrow{\text{NaOH}} \text{furan-COOH} + \text{furan-CH}_2\text{OH}$$

康尼查罗反应是指不含 α-活泼氢的醛，在强碱作用下进行的自身氧化还原反应，一分子醛被氧化成酸，同时另一分子醛被还原成醇。芳香醛的自身氧化还原反应是康尼查罗反应的常见类型。

【仪器和试剂】

仪器：三颈烧瓶、恒压滴液漏斗、温度计、温度计套管、蒸馏头、空心塞、直形冷凝管、真空接引管、锥形瓶、铁夹、铁架台、冰浴装置、恒温电热套、水浴装置、量筒、分液漏斗、抽滤瓶、布氏漏斗、水泵等。

试剂：呋喃甲醛（新蒸）、30%氢氧化钠溶液、乙醚、无水碳酸钾、25%盐酸溶液等。

【实验步骤】

1. 呋喃甲酸与呋喃甲醇的制备

> 三颈烧瓶中加入 16.5mL 呋喃甲醛，恒压滴液漏斗中加入 16mL 30% 氢氧化钠溶液 ⇒ 按图 4-6 组装仪器。搅拌，滴加溶液，冰浴保持反应温度在 8～12℃

⇒ 滴加完毕后，室温下继续搅拌反应 30min，直至出现黄色浆状物沉淀，停止反应

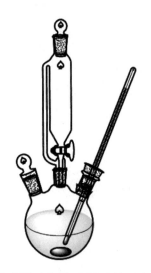

图 4-6 呋喃甲酸与呋喃甲醇的制备实验装置

2. 分离、纯化

> 加入 15mL 水使沉淀恰好完全溶解为棕色溶液，用 20mL 乙醚分 2 次萃取 ⇒ 合并有机层，经无水碳酸钾干燥后，转移至圆底烧瓶，安装蒸馏装置

⇒ 蒸除乙醚后，收集 168～171℃ 馏分。水层用 25% 盐酸酸化至刚果红试纸变蓝 ⇒ 冷却，抽滤，冷水洗涤，粗品用水重结晶

【数据记录与处理】

使用试剂数据表格：

试剂（或产品）	规格	质量（或体积）
呋喃甲醛 30%氢氧化钠 乙醚 25%盐酸		

实验过程数据表格：

项目		项目	
滴加NaOH起止时间		呋喃甲醇产率/%	
反应温度范围/℃		重结晶用水量/mL	
馏出温度范围/℃		重结晶产量/g	
馏分体积/mL		呋喃甲酸理论产量/g	
呋喃甲醇理论产量/g		呋喃甲酸产率/%	

【问题思考】

1. 本实验为什么要用新蒸的呋喃甲醛？
2. 如果没有无水碳酸钾，萃取后的有机层可以用什么试剂干燥？
3. 如果不用刚果红试纸，如何判断乙醚萃取后的水层已经酸化？

【注意事项】

1. 制备呋喃甲醇和呋喃甲酸时，滴加氢氧化钠溶液的速度不宜过快，滴加过快会引发其它副反应，反应体系易呈深红色。

2. 用无水碳酸钾干燥有机层后，过滤时滤饼可用少量乙醚洗涤，以减少产品附着损失。减压抽滤洗涤滤饼时，冷水用量不宜过多，以减少产品溶解损失。

3. 蒸除乙醚溶剂时，应注意控制好加热温度，以免产品暴沸冲出。

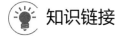 知识链接

康尼查罗反应是意大利化学家斯塔尼斯奥拉·康尼查罗首先发现的。1895年，康

尼查罗用草木灰处理苯甲醛时，得到了苯甲酸和苯甲醇，由此人们将这类有机歧化反应称为康尼查罗反应。

康尼查罗反应具有反应条件温和、原料易得、操作简便、产品易纯化等优点，在有机合成中具有广泛的应用价值。例如，在抗癌药物拉莫西林和抗病毒药物阿昔洛韦以及染料亚甲蓝的合成路线中，含酰亚胺结构的中间体可以通过酰胺的康尼查罗反应转化而来。此外，康尼查罗反应还用于目前季戊四醇的工业生产中，具体合成路线如下：

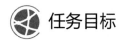

该工业合成法被称为康尼查罗缩合法。首先，甲醛与乙醛在碱性条件下发生羟醛缩合，得到三羟甲基乙醛。然后，三羟甲基乙醛再经康尼查罗反应合成三羟甲基乙酸和季戊四醇。

任务36　苯妥英钠的制备

任务目标

知识目标：
1. 掌握苯妥英钠的实验室制备原理。
2. 掌握苯妥英钠制备的操作方法。
3. 熟悉重结晶提纯固体有机化合物的原理和方法。
4. 了解反应过程中的机理。

能力目标：
1. 能正确制备二苯基乙二酮。
2. 能正确制备苯妥英钠。
3. 能正确进行重结晶操作。

素质目标：
1. 培养学生的实践动手能力与科学的探究精神。
2. 培养学生树立良好的环保理念与社会责任意识。

实验原理

苯妥英钠主要用于治疗复杂部分性癫痫发作（精神运动性发作、颞叶癫痫）、单纯部分性癫痫发作（局限性发作）、全身强直阵挛性发作和癫痫持续状态；治疗坐骨神经痛与三叉神经痛、发作性控制障碍、发作性舞蹈手足徐动症、肌强直症及隐性营养不良型大疱性表皮松解症等。在空气中可缓慢吸收二氧化碳发生分解，生成苯妥英；苯妥英钠在水中易溶，水溶液显碱性，在三氯甲烷或乙醚中几乎不溶。

数字资源4-5
苯妥英钠的制备：
二苯基乙二酮重结晶
视频

实验室中通常以安息香为原料，2-碘酰基苯甲酸（IBX）或三氯化铁、氯化铜等作为氧化剂，DMF或水、乙酸作为溶剂，经氧化制备得到中间体二苯基乙二酮。后者与尿素在乙醇的碱性溶液中反应，得到苯妥英钠。反应方程式如下：

【仪器和试剂】

仪器：恒温磁力搅拌器、电子秤、循环水真空泵、红外干燥箱、水浴锅、三颈烧瓶、磁子、球形冷凝管、温度计、温度计套管、量筒、滴管、玻璃棒、烧杯、布氏漏斗、抽滤瓶、药匙、电炉等。

试剂：安息香、2-碘酰基苯甲酸、N,N-二甲基甲酰胺、15%氢氧化钠、尿素、95%乙醇、pH试纸、活性炭、2mol·L^{-1}盐酸、80%乙醇等。

【实验步骤】

1. 二苯基乙二酮的制备

三颈烧瓶中加入 5.3g 安息香、6g 2-碘酰基苯甲酸及 50mL N,N-二甲基甲酰胺 ⇨ 按图 4-3 安装并加入磁力搅拌装置，50℃下反应 30min 后，将反应液倾入冷水中 ⇨ 抽滤，用冷水洗涤，得到黄色的二苯基乙二酮粗品 ⇨ 将粗品置于烧杯中，加入 80mL 80% 乙醇，加热溶解后稍冷，加入活性炭，脱色 ⇨ 趁热过滤，滤液于冰水浴中冷却，析出黄色针状二苯基乙二酮，过滤，干燥，称重

2. 苯妥英的制备

三颈烧瓶中加入 5.2g 二苯基乙二酮、3.1g 尿素、26mL 95% 乙醇及 52mL 水 ⇨ 加热至回流，分批加入 16mL 15% NaOH。回流 2h 后，将反应液倾入 75mL 水中 ⇨ 冰水浴冷却，抽滤，滤液在 40℃下用 2mol·L^{-1} HCl 调 pH 至 5，冷却，抽滤 ⇨ 滤饼用水洗涤 2～3 次，红外干燥，得苯妥英，称重

3. 苯妥英钠的制备

将苯妥英放入烧杯中，加水溶解，加热，用 15% NaOH 调 pH 至 11，用活性炭脱色 ⇨ 趁热抽滤，滤液在电炉上进行浓缩，冰水浴冷却，抽滤、干燥，得白色苯妥英钠固体

【数据记录与处理】

使用试剂数据表格：

试剂（或产品）	规格	质量（或体积）
安息香		
2-碘酰基苯甲酸		
N,N-二甲基甲酰胺		
尿素		
95%乙醇		
15%氢氧化钠		
活性炭		
2mol·L^{-1}盐酸		

实验过程数据表格：

项目		项目	
二苯基乙二酮制备时间/min		苯妥英质量/g	
二苯基乙二酮制备温度/℃		苯妥英钠脱色时间/min	
二苯基乙二酮质量/g		苯妥英钠质量/g	
苯妥英制备回流时间/min		苯妥英钠产率/%	

【问题思考】

1.在苯妥英成盐反应过程中，加入的15%氢氧化钠溶液过量，若用酸碱滴定测其含量，则对后续滴定实验结果有何影响？

2.进行安息香氧化时，除了使用2-碘酰基苯甲酸为氧化剂外，还可使用哪些试剂作为氧化剂？有何优缺点？

【注意事项】

1.在重结晶的时候加入的80%乙醇的量需要严格控制，二苯基乙二酮刚好完全溶解即可。抽滤瓶中液体转移时速度要快，防止液体在抽滤瓶中结晶。

2.15%氢氧化钠溶液加料采取分批滴加方式，并保持持续搅拌。

模块五
天然有机化合物分离实验

任务37 槐米中芦丁的分离

任务目标

知识目标：
1. 掌握槐米中芦丁的提取方法。
2. 熟悉芦丁提取的主要原理。
3. 熟悉回流、洗涤及干燥等基本操作。

能力目标：
1. 能从槐米中提取芦丁。
2. 能正确进行回流、洗涤及干燥等操作。

素质目标：
1. 培养学生的实践动手能力与科学的探究精神。
2. 培养学生养成良好的团队协作精神。

实验原理

槐米，又称为槐花米，是豆科植物槐的花蕾，性凉、味苦，凉血止血，清肝泻火。槐米中的主要活性成分为芦丁，又称为芸香苷、维生素P，结构上表现为黄酮醇配糖体，两个配糖体分别为鼠李糖与葡萄糖，因1842年首次从芸香中分离出来而得名。芦丁的分子结构如下：

芸香苷(芦丁)

芦丁存在于槐米、芸香叶、烟叶、荞麦花、橙皮、番茄等中，其中以槐米及荞麦花中含量尤丰。利用芦丁结构中存在多羟基体现出酸性，本实验采用碱提法从槐米中提取芦丁，其原理为：在碱液中煮沸槐米，使芦丁成盐而溶解，经过滤得滤液后酸化，使芦丁重新析出。

【仪器和试剂】

仪器：布氏漏斗、抽滤瓶、循环水真空泵、烧杯、量筒、电子秤、电炉、熔点测定仪等。

试剂：槐米、饱和石灰水、15%盐酸等。

【实验步骤】

烧杯中加入 15g 槐米与 75mL 水，用饱和石灰水调节 pH 至 9，煮沸 30min，趁热过滤 ⇨ 滤渣用沸水洗涤，滤液以 15% 盐酸调 pH 至 4，放置 1~2h，沉淀完全 ⇨ 抽滤，水洗，干燥，得粗品，称重。以 125mL 水为溶剂对粗品重结晶，抽滤，水洗 ⇨ 干燥，称重，计算收率，测定芦丁熔点

【数据记录与处理】

使用试剂数据表格：

试剂（或产品）	规格	质量（或体积）
槐米 饱和石灰水 15%盐酸 重结晶用水		

实验过程数据表格：

项目		项目	
石灰水调pH至		芦丁粗品/g	
15%盐酸调pH至		芦丁纯品质量/g	
煮沸时间/min		芦丁熔点/℃	
提取放置时间/min		收率/%	

【问题思考】

1. 以芦丁在槐米中的含量为15%计，本次实验芦丁的收率有多少？哪些因素会影响芦丁的收率？

2. 用盐酸调节体系pH至4的目的是什么？调节的pH值过低对实验有什么影响？

【注意事项】

1. 在煮沸提取芦丁时，向体系中加入饱和石灰水，不仅可以使芦丁成盐而溶解，达到提取的目的，同时还能去除槐米中的多糖黏液质。

2. 减压抽滤时，可先小心地将上层液倒入布氏漏斗，再将滤渣倒入进行过滤，以免滤渣堵塞滤纸造成过滤速度减慢。

3. 纯芦丁为浅黄色针状晶体，m.p.为188℃，含三分子结晶水的芦丁的m.p.为174～178℃。

 知识链接

芦丁经稀硫酸条件下的水解后，可得到槲皮素，为黄色晶体，熔点为313～

314℃，是一种广泛存在于自然界的类黄酮化合物，在大葱、洋葱、西蓝花、藕等中含量丰富，研究表明，槲皮素具有较强的抗氧化作用，可预防癌变、延缓衰老、保护神经与心血管系统等，其抗氧化机制主要有：结构中儿茶酚基团与C3位置上的羟基使槲皮素可清除活性氧自由基，减少氧化损伤发生；结构中包含的邻苯二酚单元可螯合Cu^{2+}、Fe^{2+}，可避免因此类离子引发的氧化应激及脂质过氧化现象；槲皮素可抑制LDL氧化，可避免对内皮细胞、血小板、平滑肌细胞等产生氧化应激作用；槲皮素还可调节酶介导的抗氧化防御系统与非酶依赖的抗氧化防御系统，发挥其抗氧化作用。槲皮素的分子结构如下：

槲皮素

槲皮素大多以苷的形式存在，如槲皮苷、金丝桃苷、芦丁等，其提取效率主要取决于植物的产地、部位、采集时间、提取方法、溶剂等因素，常用槲皮素的提取方法有碱溶酸沉法、超声辅助提取法、醇-水回流提取法、微波辅助提取法、酶解法、超临界流体萃取法及双相溶剂提取法等。

任务38　茶叶中咖啡因的提取

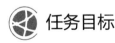 任务目标

知识目标：

1. 掌握茶叶中咖啡因的提取方法。
2. 熟悉咖啡因提取的主要原理。
3. 熟悉索氏提取器及升华的基本操作。

能力目标：

1. 能从茶叶中提取咖啡因。
2. 能正确使用索氏提取器。
3. 能对固体进行升华操作。

素质目标：

1. 培养学生的实践动手能力与科学的探究精神。
2. 培养学生养成良好的思维习惯与创新意识。

实验原理

茶叶起源于中国，中国也是世界上最大的茶叶生产国。茶叶中已知经过分离鉴定的化合物多达700余种，其中有机化合物有650种以上。茶叶中咖啡因、可可碱及茶碱占1%～5%，鞣酸占11%左右，另有色素、类黄酮、蛋白质等，约占0.6%。

咖啡因是一种黄嘌呤生物碱，化学名为1,3,7-三甲基-2,6-二氧嘌呤，其分子结构如下：

咖啡因

咖啡因为白色结晶性粉末，熔点为234～236.5℃，无嗅，味苦。含结晶水的咖啡因在100℃时可失去结晶水，并开始升华，温度达178℃时升华速度最快。咖啡因具有强心、利尿、增加肾脏血流量、消除疲劳及兴奋神经中枢等作用，通常可作为中枢神经兴奋药，应用前景广阔。

咖啡因易溶于氯仿，在乙醇、水等溶剂中有一定的溶解度。本实验以95%乙醇为溶剂，经索氏提取后浓缩得到咖啡因粗品，再利用其升华特性，进行分离、纯化。

【仪器和试剂】

仪器：圆底烧瓶、索氏提取器、旋转蒸发仪、蒸发皿、电炉、三角漏斗、熔点测定仪等。

试剂：茶叶、95%乙醇、生石灰等。

【实验步骤】

滤纸筒中放入 5g 茶叶，圆底烧瓶中加入 50mL 95% 乙醇，按图 2-14 搭建装置 ⇨ 虹吸提取，直至提取液颜色较浅时停止，将提取液旋蒸浓缩至约 10mL

⇨ 将浓缩液趁热倒入放有 3g 生石灰的蒸发皿中，搅匀，电炉上小心加热成干粉状 ⇨ 蒸发皿上盖一多孔滤纸，纸上盖三角漏斗

⇨ 漏斗颈部塞适量脱脂棉，如图 5-1 所示。加热，升华，滤纸上出现白色晶体时停止加热 ⇨ 冷却至 100℃左右，揭开漏斗与覆盖的滤纸

⇨ 用小刀刮下滤纸上及漏斗内壁上附着的咖啡因，称重，测定熔点，计算收率

图 5-1 咖啡因升华装置

【数据记录与处理】

使用试剂数据表格：

试剂（或产品）	规格	质量（或体积）
茶叶 95%乙醇 生石灰		

实验过程数据表格：

项目		项目	
虹吸提取次数		咖啡因质量/g	
咖啡因熔点/℃		收率/%	

【问题思考】

1. 利用升华提纯咖啡因时应注意什么？

2. 升华操作时加入生石灰的作用是什么？

3. 提取时，除可用乙醇外，还可使用哪些溶剂？

【注意事项】

1. 升华时应控制好加热的温度与加热速率，以免温度过高造成炭化，影响实验进行。

2. 使用的滤纸孔径应保证能使蒸气顺利通过，漏斗的颈部塞有适量的脱脂棉，可避免咖啡因蒸气由此逸出。

3. 提取时，茶叶的高度不能超过虹吸管的高度；旋蒸浓缩时，不能蒸得过干，否则会造成提取液转移困难。

 知识链接

升华是固态化合物在温度未达其熔点时直接变为蒸气的过程，经冷凝重新由气态变为固态。升华可用于除去难挥发性的杂质，也可用于分离挥发程度不同的固体混合物，是实验室中固体提纯常用的操作手段之一。由于升华操作时间长，物料的损失大，通常用作少量混合物的纯化操作。

操作时，可将待提纯物放于蒸发皿中，用多孔滤纸盖住蒸发皿，其上倒扣一三角漏斗，漏斗颈部塞一脱脂棉，以防升华蒸气逸出。逐渐加热，使待提纯物升华，其蒸气穿过多孔滤纸，在漏斗内壁上冷凝为固体。多孔滤纸可防止冷凝后的纯净物掉落回蒸发皿中。

升华通常用于樟脑、萘、碘、咖啡因等物质的纯化。

任务39　牛乳中酪蛋白及乳糖的提取

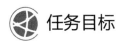

任务目标

知识目标：
1. 掌握从牛乳中提取酪蛋白及乳糖的方法。
2. 熟悉酪蛋白及乳糖提取的主要原理。
3. 熟悉酪蛋白及乳糖的鉴别方法。

能力目标：
1. 能从牛乳中提取酪蛋白与乳糖。
2. 能对酪蛋白及乳糖进行鉴别。
3. 能熟练操作旋光仪测定旋光度。

素质目标：
1. 培养学生的实践动手能力与科学的探究精神。
2. 培养学生观察、分析、解决问题的能力与创新意识。

实验原理

牛乳中含有多种对人体有益的营养元素，具有补虚损、益肺胃等功效。牛乳中的蛋白质的主要成分为酪蛋白，含量约为 $35g \cdot L^{-1}$，是一种含磷蛋白质的混合物，以钙盐形式存在。蛋白质为两性化合物，在其等电点状态下溶解度最小，最容易从溶液中析出，酪蛋白的等电点为4.8，当向牛乳中滴加酸性物质使其pH达4.8时，酪蛋白即可从牛乳中析出。用乙醇洗涤沉淀物，以乙醚洗涤除去脂类，即可得到纯的酪蛋白。酪蛋白可通过电泳或颜色反应进行鉴别。

牛乳经脱脂与脱蛋白之后，即可得乳清，乳清中含有的糖类物质以乳糖为主。乳糖为还原性双糖，不溶于乙醇，向乳清中加入乙醇，乳糖可从乳清中结晶析出。乳糖与葡萄糖类似,具有变旋现象,其平衡时比旋光度为+53.5°,可通过测定乳糖的比旋光度对其进行鉴别。

【仪器和试剂】

仪器:烧杯、恒温水浴锅、离心机、布氏漏斗、抽滤瓶、循环水真空泵、表面皿、量筒、电子秤、试管、旋光仪等。

试剂:去脂牛乳、乙酸-乙酸钠缓冲液(pH=4.6)、95%乙醇、乙醚、生理盐水(含 0.4 mol·L^{-1} 氢氧化钠)、5%氢氧化钠溶液、1%硫酸铜溶液、茚三酮、浓硝酸、pH试纸等。

【实验步骤】

1. 酪蛋白的分离与鉴定

取 25mL 去脂牛乳置于烧杯中,40℃水浴加热,用乙酸-乙酸钠缓冲液调 pH 至约 4.8 ⇨ 保温 10min 使沉淀完全,冷却至室温,将混合物转入离心管中

⇨ 以 3000 r·min^{-1} 离心 15min,分离上清液与沉淀物。将沉淀转入烧杯中,用 10mL 95% 乙醇洗涤 ⇨ 抽滤,用乙醇-乙醚(体积比为 1:1)及乙醚洗涤

⇨ 离心,收集上清液,将沉淀转移至表面皿中,溶剂挥发后烘干,称重,计算含量 ⇨ 配制适量酪蛋白生理盐水溶液,浓度:0.1 g·mL^{-1}

⇨ 三支试管(标为甲、乙、丙)中各加入 0.5mL 酪蛋白溶液,向甲中加入 10 滴 5% 氢氧化钠溶液与 2 滴 1% 硫酸铜溶液,观察现象 ⇨ 向乙中加入 3 滴浓硝酸,水浴加热,观察现象,冷却

⇨ 向乙中继续加入 15 滴 5% 氢氧化钠溶液,观察现象;向丙中加入 4 滴茚三酮试剂,加热至沸,观察现象

2.乳糖的分离与鉴定

将上清液转移至蒸发皿，小火浓缩至 5mL 左右，冷却，加入 10mL 95% 乙醇，水浴冷却 ⇨ 抽滤，用 95% 乙醇洗涤，得粗乳糖，将其溶于 8mL 60℃ 热水中

⇨ 滴加乙醇至浑浊后再加热至澄清，自然冷却，抽滤，用 95% 乙醇洗涤，干燥，称重 ⇨ 配制 25mL 乳糖水溶液，浓度：$0.05 g \cdot mL^{-1}$

⇨ 每隔 1min 测定一次旋光度，10min 后每隔 2min 测定一次旋光度，计算比旋光度

【数据记录与处理】

使用试剂数据表格：

试剂（或产品）	规格	质量（或体积）
去脂牛乳		
乙酸-乙酸钠缓冲液		
95%乙醇（酪蛋白）		
95%乙醇（乳糖）		
乙醇-乙醚（1∶1）		
乙醚		
5%氢氧化钠溶液	甲：	乙：
1%硫酸铜溶液		
浓硝酸		
茚三酮		

实验过程现象表格：

试管	现象
甲	
乙	
丙	

实验过程数据表格：

项目		项目	
酪蛋白水浴温度/℃		酪蛋白质量/g	
保温时间/min		酪蛋白含量/%	
离心时间/min		乳糖质量/g	

乳糖旋光度数据表格：（比旋光度＝　　　　）

时间/min	旋光度	时间/min	旋光度	时间/min	旋光度	时间/min	旋光度
1		6		12		22	
2		7		14		24	
3		8		16		26	
4		9		18		28	
5		10		20			

【问题思考】

1. 为什么酪蛋白可以通过调节体系pH值从溶液中分离纯化？
2. 氨基酸可否发生缩二脲反应？为什么？

【注意事项】

1. 在进行缩二脲反应时，1%硫酸铜不能加得过多，否则会产生氢氧化铜蓝色沉淀，干扰观察实验现象。

2. 将尿素加热至180℃时，可发生脱氮生成缩二脲，缩二脲在碱性条件下与Cu^{2+}络合，可生成紫红色化合物，该反应称为缩二脲反应，蛋白质分子结构与缩二脲类似，也可发生该反应。

3. 将离心管放入离心机后，必须配平，否则可损坏离心机的性能。

知识链接

酪蛋白（casein，CN）又称为乳酪素、干酪素或酪朊，是哺乳动物乳如牛乳、羊乳等中的最主要的蛋白质。酪蛋白是一种磷钙结合型蛋白质，在酸性条件下较敏感，等电点为4.8左右,在此pH下酪蛋白在溶液中会发生聚沉。酪蛋白的分子结构复杂,其分子量大约在20000~25000,依据分子特性的不同,可分为四种类型:$α_{s1}$-CN、$α_{s2}$-CN、β-CN及k-CN,这四种单体类型以α-螺旋、β-折叠及β-转角等形式构成了酪蛋白的空间结构。不同乳种中酪蛋白的结构又有所差异,如利用红外光谱测得酪蛋白的三级结构中羊乳β-CN的α-螺旋、β-折叠、β-转角含量比牛乳β-CN中的要低。

酪蛋白可被酶分解为小分子肽,具有抗癌、抗微生物、抗氧化、抗高血压等多种功能,在食品与医药领域有着广泛的应用。在食品领域,酪蛋白含8种必需氨基酸,可用于生产乳粉;酪蛋白易与金属离子结合,可用于生产营养补充剂;酪蛋白含较多磷酸基,具有持水性与吸湿性,可用于增强肉制品的持水性,提高肉类品质;酪蛋白的两亲性还使其可用作发泡剂与乳化剂,用于冰淇淋、糕点、饼干等的制备中。在医药领域,酪蛋白的螯合结构使其可用作药物的载体,促进药物有效成分的吸收与靶向释放;酪蛋白结构中含有的生物活性肽片段,还可用作肽类药物或试剂;酪蛋白水解物具有强的抗凝血活性与血管紧张素转换酶抑制活性,是生成抗凝剂与血管紧张素转换酶抑制剂的良好来源。

任务40　橙皮中柠檬烯的提取

任务目标

知识目标:

1.掌握橙皮中柠檬烯的提取方法。

2.熟悉柠檬烯提取的主要原理。

3.熟悉水蒸气蒸馏、萃取等基本操作。

能力目标:

1.能从橙皮中提取柠檬烯。

2.能正确进行水蒸气蒸馏、萃取等操作。

素质目标:

1.培养学生的实践动手能力与科学的探究精神。

2.培养学生正确观察、记录、分析、总结及归纳的能力。

实验原理

当将不相混溶的液体化合物进行蒸馏时，混合物的沸点比单独任一组分的沸点都要低。用水与不相混溶的有机物所进行的蒸馏叫水蒸气蒸馏，其优点是有机物可在低于100℃的温度下蒸出，蒸出的有机物可与水分层而分离，水蒸气蒸馏是分离纯化液体或固体化合物的常用方法之一。它适合于：化合物沸点较高，在沸点温度下易发生分解或其他化学变化；混合物中存在大量难挥发的树脂或固体杂质；从混合物中除去挥发性物质；用其他方法有一定操作难度。利用水蒸气蒸馏的化合物必须是：不溶或难溶于水；与沸水或水蒸气长时间共存不发生任何化学变化；在100℃附近有一定的蒸气压（不小于133.3Pa）。

本实验采用简单的水蒸气蒸馏装置进行橙皮中柠檬烯的提取。先用水蒸气蒸馏法将柠檬烯从橙皮中提取出来，再用二氯甲烷萃取，萃取液通过蒸馏回收溶剂后得精油。通过测定折射率、比旋光度了解柠檬烯的纯度及含量。

【仪器和试剂】

仪器：水蒸气蒸馏装置、电热套、分液漏斗、蒸馏装置、锥形瓶。

试剂：橙皮、二氯甲烷、无水硫酸钠。

【实验步骤】

将2～3个橙皮称重切碎，投入圆底烧瓶中，加30mL水，安装水蒸气蒸馏装置 ⇒ 当馏出液收集60～70mL时停止加热，将馏出液转移至分液漏斗

⇒ 每次用10mL二氯甲烷萃取，萃取三次，合并萃取液置于干燥锥形瓶中，加入无水硫酸钠干燥半小时以上 ⇒ 过滤至干燥圆底烧瓶中，组装蒸馏装置，水浴加热

⇒ 减压蒸馏除去残留的二氯甲烷，得黄色橙油，测定折射率与旋光度

【数据记录与处理】

使用试剂数据表格：

试剂（或产品）	规格	质量（或体积）
橙皮 二氯甲烷 无水硫酸钠		

实验过程数据表格：

项目		项目	
水蒸气蒸馏时间/min		柠檬烯粗产品体积/mL	
蒸馏时间/min		柠檬烯纯品体积/mL	
干燥时间/min		折射率	
比旋光度/(°)		收率/%	

【问题思考】

1. 橙皮为什么需要剪碎？

2. 为什么橙皮中的柠檬烯可以用水蒸气蒸馏方法提取？还有什么物质可以用该方法提取？

3. 如何判断水蒸气蒸馏操作结束？

【注意事项】

1. 橙皮最好是新鲜的，若没有，干橙皮也可，效果较差。

2. 注意加热速度，调节使馏出液的滴加速度为 2～3 滴每秒。

3. 蒸馏过程中系统压力过大会出现倒吸现象或水从安全管喷出，立即打开 T 形管螺旋夹，停止加热，排除故障后继续蒸馏。

4. 旋光度测定时，可将几组产品合并后用 95% 乙醇配制成 5% 的溶液进行测定，并与纯柠檬烯的同浓度溶液进行对比。

5. 柠檬烯参数：b.p. 为 176℃，n_D^{20} 为 1.4727，$[\alpha]_D^{20}$ +125.6°。

知识链接

工业上常用水蒸气蒸馏的方法从植物组织中获取挥发性成分，这些挥发性成分的混合物统称精油，大都具有令人愉快的香味。从柠檬、橙子和柚子等水果的果皮中提取的精油中90%以上是柠檬烯，其分子结构如下：

柠檬烯

柠檬烯为无色透明液体，具有特异的香气，可溶于乙醇和大多数的非挥发性油中，但是它与空气混合后可以发生爆炸。柠檬烯是一种单环萜，分子中有一个手性中心，其 S-(−)-异构体存在于松针油、薄荷油中，R-(+)-异构体存在于柠檬油、橙皮油中，外消旋体存在于香茅油中。常用的柠檬烯是右旋体。柠檬烯是一种天然的功能单体，在食品中柠檬烯作为香精香料添加剂使用。同时，柠檬烯可以抑制葡萄球菌、大肠杆菌，将柠檬烯乳化后，加入橙汁具有保鲜作用。在医学上柠檬烯具有比较好的镇咳、祛痰、抑菌作用。柠檬烯能作用于与细胞生长有关的小分子，可以抑制一些细胞的生长，对于胃癌、乳腺癌、皮肤癌等具有明显的预防和治疗作用。复方柠檬烯能够抑制胆固醇的合成，在临床上一般可用于利胆、溶石，还有促进消化液的分泌、排出肠内积气的作用。

任务41　玫瑰中精油的提取

任务目标

知识目标：

1. 掌握玫瑰精油的提取方法。
2. 了解植物精油的提取方法。

3.了解水蒸气蒸馏的实验原理和操作方法。

能力目标：

1.能进行水蒸气蒸馏操作。

2.能提取玫瑰精油。

素质目标：

1.培养学生的实践动手能力与科学的探究精神。

2.培养学生严谨的科学态度与实事求是的工作作风。

实验原理

玫瑰是一种良好的观赏植物和经济植物，其天然提取物——玫瑰浸膏和玫瑰精油作为一种高档香料和食品添加剂，具有良好的市场前景。玫瑰精油称为"液体黄金"，是世界香料工业不可取代的原料，多用于制造高级香水等化妆品。工业上大约5kg玫瑰花瓣才能提取出一滴纯正的玫瑰精油。提取出的玫瑰精油不含有任何添加剂，是纯天然的护肤品，具有极好的抗衰老和止痒作用，能够促进细胞再生、防止肌肤老化、抚平肌肤细纹，还具有使人放松、愉悦心情的功效。

植物芳香油具有较强的挥发性，还能随水蒸气蒸发，因此可以利用蒸馏法提取植物芳香油。法国香水业作为一种工业生产，最初就是通过蒸馏法来获得芳香油的。玫瑰油、薄荷油、肉桂油、熏衣草油、檀香油等主要都由蒸馏法获得。

本实验通过水蒸气蒸馏，提取玫瑰精油。利用水蒸气将挥发性较强的植物芳香油携带出来，形成油水混合物，冷却后，油水混合物又会重新分出油层和水层，利用分液漏斗进行分液而得。

【仪器和试剂】

仪器：水蒸气蒸馏装置、分液漏斗、100mL量筒、100mL锥形瓶等。

试剂：新鲜玫瑰花瓣、氯化钠溶液、无水硫酸钠等。

【实验步骤】

将花瓣用水清洗，去掉灰尘，称取50g洁净玫瑰花瓣，剪碎，研磨成泥状物 ⇨ 将泥状物放入烧瓶中，加入200mL水，组装仪器，进行水蒸气蒸馏 ⇨ 蒸至无油状物馏出时停止，将馏出液转移至分液漏斗中，加入氯化钠溶液 ⇨ 分层，分液，有机层中加入无水硫酸钠干燥，过滤

【数据记录与处理】

使用试剂数据表格：

试剂（或产品）	规格	质量（或体积）
玫瑰花 氯化钠溶液 蒸馏水 无水硫酸钠		

实验过程数据表格：

项目		项目	
蒸馏时间/min		蒸馏温度/℃	
提取玫瑰精油体积/mL		玫瑰精油得率/（mL/g）	

注：玫瑰精油得率＝玫瑰精油体积/新鲜玫瑰花瓣质量。

【问题思考】

1. 玫瑰精油提取方法除了水蒸气蒸馏还有什么方法？
2. 水蒸气蒸馏的优缺点是什么？
3. 观察油层的颜色，正常的玫瑰精油的颜色是什么？

【注意事项】

1. 蒸馏装置安装完毕后，可以在蒸馏瓶中加几粒沸石，防止液体过度沸腾。
2. 玫瑰采摘后一段时间香味成分大量减少，可用盐水、乙醇对玫瑰鲜花浸泡48小时后提取玫瑰精油。

模块六 设计性实验

任务42 离子液体的合成及应用

背景知识

离子液体（ionic liquids），又称为室温离子液体，是在室温或近室温下呈现液态的离子化合物，通常由有机阳离子与无机或有机阴离子构成。最早的离子液体可追溯至1914年walden制备的硝酸乙基铵$EtNH_3^+NO_3^-$，自此之后，离子液体经历了飞速的研究发展阶段。离子液体具有稳定性高、蒸气压低、电学性质优异、功能性丰富等优点，在有机合成领域大量用作反应的绿色溶剂、催化剂、萃取剂等。离子液体中的阳离子常为烷基取代咪唑阳离子、烷基季铵盐阳离子、烷基取代吡啶阳离子、烷基取代噻唑阳离子等，其中最为常见的是咪唑阳离子与吡啶阳离子；常见的阴离子有X^-、BF_4^-、CF_3COO^-、HSO_4^-、PF_6^-、$CF_3SO_3^-$、SbF_6^-、$CH_3SO_3^-$等。

离子液体常见的合成方法分为一步法与两步法。一步法是通过酸碱反应或季铵化反应一步合成离子液体的方法，操作简便，后处理简单，如三乙胺与浓硫酸反应生成硫酸氢三乙基铵、吡啶与浓硫酸反应生成吡啶硫酸氢盐等皆为此类。两步法是首先通过季铵化反应制备含有目标阳离子的卤盐，然后用目标阴离子置换卤离子或加入路易斯酸得到离子液体。

任务目标

1. 制备含吡啶基的离子液体。
2. 以制备的离子液体为探针催化乙酸乙酯的制备。

实验要求

1. 查阅文献，综述离子液体的发展、特点、应用及制备方法。
2. 设计制备吡啶基离子液体的实验方案。
3. 制备吡啶基离子液体前，对合成原料的配比、反应温度、反应时间、产物后处理方法进行探讨，并对合成的离子液体进行结构表征。
4. 用离子液体催化乙酸乙酯的制备反应，将其与浓硫酸催化进行比较。
5. 考察酯化反应中离子液体的使用量、反应温度、反应时间及催化剂重复利用率等因素对反应的影响。
6. 计算酯化反应的产率，测定乙酸乙酯的折射率与红外光谱。
7. 撰写相关实验报告。

任务43　高分子化合物的溶胀

 背景知识

高分子化合物，又称为高分子聚合物，其分子量大，通常由简单结构单元以重复式连接而构成。按来源可将高分子化合物分为天然高分子与合成高分子化合物；按性能可将高分子化合物分为塑料、纤维和橡胶三大类等。高分子化合物的结构通常有两种类型：线型与体型。线型结构高分子中有独立大分子存在，在溶剂中或加热熔融时，大分子可以彼此分离开来；体型结构高分子中无独立大分子存在，无分子量的意义，只有交联度的意义。两种高分子化合物的溶解性能表现：线型结构在溶剂中可溶解，加热时可熔融，硬度和脆性小，具有弹性与可塑性；而体型结构不能溶解与熔融，只能在溶剂中溶胀。

卡波姆，是以丙烯酸为单体，以季戊四醇烯丙基醚或丙烯酸蔗糖醚为交联剂，进行共聚反应得到的高分子化合物，具有优良的悬浮、乳化和增稠作用，广泛应用于医药、化妆品等领域。将卡波姆置于水中时，水分子逐渐扩散进入聚合物颗粒内部，使其发生溶胀，体积增大，形成黏稠度较高的胶状体。按黏度、流变性等特征卡波姆可分为卡波940、卡波941、卡波980、卡波U21等多种类型。

任务目标

1. 进行卡波姆的溶胀。
2. 制备卡波姆保湿凝胶。

实验要求

1. 查阅文献，综述卡波姆的制备、特点、分类及应用。
2. 设计进行卡波姆溶胀的实验方案。
3. 卡波姆溶胀实验，对溶胀过程中使用的水量、温度、时间、碱等因素进行探讨。
4. 制备卡波姆保湿凝胶。
5. 考察卡波姆保湿凝胶在酸、碱、热、寒等条件下的稳定性，考察凝胶对皮肤的刺激性。
6. 进行保湿凝胶的保湿性能测试。
7. 撰写相关实验报告。

任务44　废水中染料的光催化降解

背景知识

有机染料是一类重要的精细化学品，与人类的衣食住行密切相关，大量应用于印染、生物医药、食品、化妆品等领域，但其生产及应用过程中产生的工业废水已成为目前水体污染的主要来源之一。传统物理治理方法仅可实现有机污染物与水体的分离，并没有从根本上消除水体污染，同时还存在治理成本高等问题。

1972年，Fujishima和Honda首次报道在紫外光下，TiO_2半导体材料可作为光催化剂分解水，随着研究的深入，光催化法也被应用于有机污染物的处理，其利用光能驱动材料进行催化，可达到使水中污染物降解的目的。光催化法具有反应条件温和、降解效率高、操作简便等优点，是一种绿色环保的有机污染物治理方法，已成为各界关注的热点，有望广泛应用于今后的工业污水处理中。除TiO_2外，ZrO_2、CdS、ZnO、Fe_2O_3、SnO_2、ZnS、SiO_2等都具有光催化效能，2000年以来又发现一些纳米贵金属如钯、铑、铂等，也具有非常好的光催化性能。

 任务目标

1. 制备纳米氧化锌。
2. 利用纳米氧化锌降解罗丹明B染料。

 实验要求

1. 查阅文献，综述纳米氧化锌的制备、表征、应用及作用机制。
2. 设计纳米氧化锌制备的实验方案。
3. 考察不同方法合成的纳米氧化锌催化罗丹明B的反应活性。
4. 探索影响降解效率的各种因素，如催化剂使用量、降解时间、光源、水体pH值等。
5. 考察光催化剂的循环使用情况。
6. 对光催化剂进行结构表征，如XRD、SEM等。
7. 撰写相关实验报告。

任务45 乳酸钙的制备

 背景知识

乳酸钙是一类重要的补钙剂，临床用于预防和治疗钙缺乏症，如骨质疏松、手足抽搐症、佝偻病等。相比于碳酸钙等无机钙，乳酸钙具有更高的生物利用率以及更小的胃肠道刺激性，且口感良好，因此被广泛应用于乳制品、保健品、食品添加剂等领域。

以碳酸钙为钙源合成乳酸钙的化学方法主要分为：直接中和法和间接中和法。直接中和法是指碳酸钙直接与乳酸发生酸碱中和反应制备乳酸钙；间接中和法主要是指$CaCO_3$通过高温煅烧转化成CaO，然后在水溶液中CaO转化为强碱$Ca(OH)_2$，最后由$Ca(OH)_2$与乳酸发生酸碱中和反应制备乳酸钙。两类方法各有优劣：前者操作简便，能耗低，但反应转化率低；后者反应高效，产品纯度高，但能耗也高。

直接中和法：

$$CaCO_3 + \underset{HOCOOH}{\overset{CH_3}{|}}CH \xrightarrow{H_2O} \left(\underset{HOCOO}{\overset{CH_3}{|}}CH\right)_2 Ca$$

间接中和法：

$$CaCO_3 \xrightarrow{\text{高温煅烧}} CaO \xrightarrow{H_2O} Ca(OH)_2$$

$$Ca(OH)_2 + \underset{HOCOOH}{\overset{CH_3}{|}}CH \xrightarrow{H_2O} \left(\underset{HOCOO}{\overset{CH_3}{|}}CH\right)_2 Ca$$

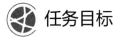 任务目标

1. 制备乳酸钙，并测定其钙含量。
2. 以制备的乳酸钙为有机钙原料药，制作一款乳酸钙咀嚼片。

实验要求

1. 查阅文献，综述乳酸钙的性质、应用现状、制备方法及片剂产品。
2. 设计制备乳酸钙及其咀嚼片的实验方案。
3. 制备乳酸钙，对合成原料的配比、反应温度、反应时间、产物后处理方法等实验影响因素进行探讨。
4. 对制备的乳酸钙进行结构表征和含量测定。
5. 以制备的乳酸钙为原料药，制作一款片剂规格为0.3g的乳酸钙咀嚼片，考察黏

合剂、脱模剂、矫味剂等辅料添加剂的适宜用量比例。

6.对制作的乳酸钙咀嚼片进行片剂外观、硬度和重量差异的检查,并对钙含量进行测定。

7.撰写相关实验报告。

附　录

附录1　常见元素的符号及原子量

元素名称	符号	原子量	元素名称	符号	原子量
氢	H	1.0079	钙	Ca	40.08
氦	He	4.0026	溴	Br	79.904
锂	Li	6.941	碘	I	126.905
铍	Be	9.012	钡	Ba	137.33
硼	B	10.811	铬	Cr	51.996
碳	C	12.011	铜	Cu	63.54
氮	N	14.007	铁	Fe	55.84
氧	O	15.999	汞	Hg	200.5
氟	F	18.998	锰	Mn	54.938
钠	Na	22.9898	镍	Ni	58.69
镁	Mg	24.305	铅	Pb	207.2
铝	Al	26.982	钯	Pd	106.42
硅	Si	28.085	铂	Pt	195.08
磷	P	30.974	锡	Sn	118.6
硫	S	32.06	锌	Zn	65.38
氯	Cl	35.453	钼	Mo	95.94
钾	K	39.098	银	Ag	107.87

附录2　常用干燥剂种类

干燥剂	干燥范围	备注
$CaCl_2$	烃、卤代烃、醚、中性气体、硝基化合物、氯化氢等	不能干燥醇、酚、胺、酰胺及某些醛酮；干燥速度快、效率不高
Na_2SO_4	烃、卤代烃、醇、酚、醚、醛、酮、酸、酯、腈、酰胺、硝基化合物、中性气体等	干燥速度慢，性能弱
$MgSO_4$	各种化合物的干燥	干燥速度快，效力较弱
$CaSO_4$	烷、芳烃、醇、醚、醛、酮	干燥速度快、效力高、吸水量小
K_2CO_3	醇、酮、酯、胺、杂环等碱性化合物	干燥速度快、效力较弱
H_2SO_4	脂肪烃、卤代烷烃	脱水效率高
金属钠	醚、叔胺、烃中痕量水	快速有效
P_2O_5	烃、卤代烃、醚、酸溶液、腈中痕量水	效力高，干燥后需蒸馏
分子筛	各类有机化合物	快速高效

附录3　实验中常用洗涤剂的配制及使用

洗涤剂	配制	使用范围
铬酸洗液	将10g重铬酸钾溶于热水中，冷却后缓慢加入200mL浓硫酸，搅拌，冷却，得红褐色洗液	氧化性强，可浸洗绝大多数污渍
碱性高锰酸钾洗液	将8g高锰酸钾溶于少量水中，再缓慢加入10%氢氧化钠至200mL，得紫红色洗液	氧化性强、碱性强，可浸洗各种油污
强碱洗液 稀硝酸 稀盐酸	浓氢氧化钠溶液	黑色焦油 铜镜、银镜 铁锈、二氧化锰、碳酸钙

附录4　二元恒沸混合物

A（沸点/℃）	B（沸点/℃）	恒沸点/℃
水（100）	苯（80.2）	69.3
水（100）	乙醇（78.4）	78.1
水（100）	正丁醇（117.8）	92.4
水（100）	苄醇（205.2）	99.9
水（100）	乙醚（34.5）	34.2
水（100）	丁醛（75.7）	68
水（100）	甲酸（100.8）	107.3
水（100）	乙酸乙酯（77.1）	70.4
乙醇（78.4）	苯（80.2）	68.2
乙醇（78.4）	乙酸乙酯（77.1）	71.8
乙酸乙酯（77.1）	四氯化碳（76.8）	74.8
丙酮（56.5）	氯仿（61.1）	65.5
丙酮（56.5）	异丙醚（69）	54.2
己烷（69）	苯（80.2）	68.8
环己烷（80.8）	苯（80.2）	77.8

附录5　三元恒沸混合物

A（沸点/℃）	B（沸点/℃）	C（沸点/℃）	恒沸点/℃
水（100）	乙醇（78.4）	乙酸乙酯（77.1）	70.3
水（100）	乙醇（78.4）	四氯化碳（76.8）	61.8
水（100）	乙醇（78.4）	苯（80.2）	64.9
水（100）	乙醇（78.4）	环己烷（80.8）	62.1
水（100）	乙醇（78.4）	氯仿（61.1）	55.5
水（100）	异丙醇（82.5）	苯（80.2）	66.5
水（100）	正丁醇（117.8）	乙酸乙酯（77.1）	90.7
水（100）	异戊醇（131.4）	乙酸异戊酯（142）	93.6

附录6 常用试剂的配制

试剂名称	配制方法	备注
托伦试剂	试管中加入0.5mL 5%硝酸银与1滴5%氢氧化钠,再向内滴加稀氨水至沉淀刚好完全溶解	现配现用
铜氨溶液	试管中加入0.5mL 2%氯化亚铜溶液,再向内滴加稀氨水至得到蓝色澄清液	现配现用
卢卡斯试剂	冷却条件下,向23mL浓盐酸中加入34g熔化过的无水氯化锌,防止氯化氢逸出	密封保存于玻璃瓶
斐林试剂	A:将17.3g硫酸铜溶于250mL蒸馏水中; B:将86.5g酒石酸钾钠与35g氢氧化钠溶于250mL蒸馏水中	使用前等量混合
希夫试剂	将0.1g品红盐酸盐溶于50mL热水中,冷却,加入1g亚硫酸氢钠及1mL浓盐酸,用水稀释至100mL,待红色褪去即可	密封保存于棕色瓶
莫利许试剂	将5g α-萘酚溶于适量75%乙醇溶液中,用75%乙醇稀释至50mL	现配现用
塞利凡诺夫试剂	将0.05g间苯二酚溶解于50mL浓盐酸中,用水稀释至100mL	密封保存于玻璃瓶
班氏试剂	将5.6g无水碳酸钠与10g柠檬酸溶于50mL热蒸馏水中,搅拌下将含1g硫酸铜结晶的10mL水溶液缓慢加入上述溶液中	密封保存于玻璃瓶
淀粉溶液	将1g淀粉与5mg氯化汞加入烧杯中,加水少许调成薄浆,倾入200mL沸水中	密封保存于玻璃瓶
三氯化铁溶液	将13.5g六水合三氯化铁溶于10mL 6mol·L^{-1}盐酸中,加水稀释至100mL	密封保存于玻璃瓶
碘试剂	将12.5g碘化钾溶于50mL蒸馏水中,再加入6.3g碘,搅拌使其溶解	密封保存于玻璃瓶

附录7 常用溶剂的熔沸点

化合物	熔点/℃	沸点/℃
水	0	100
正戊烷	−130	36
石油醚	<−100	30～60
正己烷	−95	69
环己烷	6.5	80.8
甲苯	−94.9	111
乙醚	−116.2	34.5
苯	5.5	80.2
二氯甲烷	−97	39.8
三氯甲烷	−63.5	61.1
四氯化碳	−23	76.8
乙醇	−114.1	78.4
丙醇	−126.5	97.4
丁醇	−89	117.8
乙酸	16.6	117.9
三乙胺	−115	90
乙酸乙酯	−84	77.1
吡啶	−41.6	115.3
四氢呋喃	−108.5	66
丙酮	−94.9	56.5
N,N-二甲基甲酰胺	−61	153
二甲亚砜	18.4	189

附录 8 常见物质的折射率、相对密度及溶解度

化合物	折射率/n_D^{20}	相对密度/d_4^{20}	水中溶解度/g
正戊烷	1.3580	0.626	0.036
正己烷	1.3748	0.659	不溶
苯	1.5007	0.879	0.5
甲苯	1.4963	0.865	不溶
环己烷	1.4255	0.779	不溶
乙醚	1.3503	0.715	7
四氢呋喃	1.4070	0.887	∞
二氯甲烷	1.4240	1.325	2
三氯甲烷	1.4453	1.492	0.5
四氯化碳	1.4595	1.594	0.025
甲醇	1.3280	0.791	∞
无水乙醇	1.3610	0.798	∞
异丙醇	1.3770	0.785	∞
丙酮	1.3584	0.791	∞
N,N-二甲基甲酰胺	1.4305	0.944	∞
二甲亚砜	1.4780	1.101	∞
乙酸乙酯	1.3720	0.902	10
水	1.3330	1.000	—
吡啶	1.5090	0.978	∞
丁酮	1.3780	0.805	27.5
乙酸	1.3720	1.049	∞

附录9 不同温度下蒸馏水的折射率

温度/℃	折射率 n	温度/℃	折射率 n	温度/℃	折射率 n
0	1.33395	18	1.33316	24	1.33264
5	1.33388	19	1.33308	25	1.33254
10	1.33368	20	1.33300	26	1.33243
15	1.33337	21	1.33292	27	1.33231
16	1.33330	22	1.33283	28	1.33219
17	1.33323	23	1.33274	29	1.33206

参考文献

[1] 李玲，王欣，孔令乾. 有机化学[M]. 武汉：华中科技大学出版社，2021.

[2] 张斌. 药用有机化学[M]. 北京：中国医药科技出版社，2020.

[3] 袁金伟，肖咏梅. 有机化学实验[M]. 北京：化学工业出版社，2022.

[4] 琚海燕，薛志勇，哈伍族. 有机化学实验[M]. 武汉：华中科技大学出版社，2019.

[5] 曾和平. 有机化学实验[M]. 5版. 北京：高等教育出版社，2020.

[6] 王玉良，陈静蓉. 有机化学实验[M]. 北京：科学出版社，2020.

[7] 姜建辉，丁慧萍，卢亚玲. 大学基础化学实验[M]. 2版. 北京：化学工业出版社，2023.

[8] 赵燕云. 基础化学实验[M]. 北京：化学工业出版社，2022.

[9] 关金涛. 基础化学实验[M]. 北京：化学工业出版社，2021.

[10] 周晓慧，王韶旭. 基础化学实验[M]. 北京：化学工业出版社，2021.

[11] 中国化学会有机化合物命名审定委员会. 有机化合物命名原则2017[M]. 北京：科学出版社，2018.

[12] 杨爱华，黄中梅. 有机化学实验[M]. 北京：化学工业出版社，2023.

[13] 马祥梅. 有机化学实验[M]. 北京：化学工业出版社，2020.

[14] 熊万明，聂旭亮. 有机化学实验[M]. 2版. 北京：北京理工大学出版社，2020.

[15] 谢小敏，章烨，郑少瑜. 有机化学实验[M]. 北京：化学工业出版社，2022.

[16] 强根荣，金红卫，盛卫坚. 有机化学实验[M]. 3版. 北京：化学工业出版社，2020.

[17] 林玉萍，万屏南. 有机化学实验[M]. 武汉：华中科技大学出版社，2020.

[18] 陆国元. 有机化学[M]. 2版. 南京：南京大学出版社，2023.

[19] 王杨，贾红圣. 有机化学与实验[M]. 北京：科学技术文献出版社，2023.

[20] 胡宏纹. 有机化学[M]. 北京：高等教育出版社，2020.